Aravind S. Nair

Análise geomórfica da tectónica usando RS e GIS Rio Markanda

Aravind S. Nair

Análise geomórfica da tectónica usando RS e GIS Rio Markanda

ScienciaScripts

Imprint
Any brand names and product names mentioned in this book are subject to trademark, brand or patent protection and are trademarks or registered trademarks of their respective holders. The use of brand names, product names, common names, trade names, product descriptions etc. even without a particular marking in this work is in no way to be construed to mean that such names may be regarded as unrestricted in respect of trademark and brand protection legislation and could thus be used by anyone.

Cover image: www.ingimage.com

This book is a translation from the original published under ISBN 978-620-2-05227-6.

Publisher:
Sciencia Scripts
is a trademark of
Dodo Books Indian Ocean Ltd. and OmniScriptum S.R.L publishing group

120 High Road, East Finchley, London, N2 9ED, United Kingdom
Str. Armeneasca 28/1, office 1, Chisinau MD-2012, Republic of Moldova, Europe
Printed at: see last page
ISBN: 978-620-7-69072-5

CONTEÚDO

Agradecimentos

Gostaria de expressar a minha profunda gratidão ao meu supervisor, Dr. Vikrant Jain, pelo seu apoio académico incondicional, orientação paciente, encorajamento entusiástico e críticas úteis a este trabalho de investigação.

Chandra Shekhar Dubey, Diretor do Departamento de Geologia, Centro de Estudos Avançados, Universidade de Deli, pelo apoio básico e pelas instalações para a realização da dissertação em causa.

Agradeço também ao Dr. Vimal Singh pelas suas sugestões durante a redação da tese e por me ter ajudado no trabalho de campo, especialmente por me ter ensinado a técnica de campo para realizar a essência geológica

Gostaria de agradecer a todos os que me apoiaram na realização do trabalho, a Miss Aatisha Mahajan, o Sr. Rakesh Kumar, a Mis Nupur Bawa e o Sr. Sardinha Varay, os investigadores do nosso laboratório, pelo seu apoio incondicional.

Em última análise, estou e estarei sempre grato ao Sr. Rahul Kaushal pela sua cortesia e apoio sem paralelo nesta tarefa. Por fim, agradeço aos meus colegas de turma Rajesh Sharma, Rajesh Pandey e NangThoi Chanu, por terem tornado as coisas semelhantes.

Por último, mas não menos importante, a minha família: sem o seu apoio, isto nunca teria acontecido. Os meus pais, pelo seu apoio na correção do documento, e a minha irmã, pelo seu apoio, sem o qual isto não teria sido concluído. O meu amigo, Sr. Aadhiseshan, pela correção das minhas referências e do meu conteúdo. Por último, agradeço a Deus por me ter dado esta oportunidade.

(maio, 2013)

Aravind S Nair

Resumo

O presente trabalho foi realizado para analisar o padrão geomórfico de deformação na bacia do rio Markanda em resposta à atividade neotectónica em curso. O trabalho inclui a análise topográfica e o cálculo de vários índices geomórficos utilizando dados do Modelo Digital de Elevação (DEM) para analisar os processos de superfície na área da bacia. O trabalho foi efectuado utilizando imagens IRS LISS III, dados SRTM, Survey of India toposheet 53 F/6 &F/2 (escala de 1:50.000) através de Arc GIS e Global Mapper. A cartografia dos terraços fluviais foi apoiada por uma verificação de campo baseada em GPS cinemático e uma análise cronológica através de técnicas de datação por luminescência ótica (OSL).

A bacia do rio Markanda é atravessada por três falhas diferentes, nomeadamente Himalayan Frontal Thrust (HFT), Nahan Thrust (NT) e Jarjra Thrust (JT). Os índices geomórficos mostram claramente que cada uma destas falhas é tectonicamente ativa e governa os processos fluviais. O padrão do perfil longitudinal do rio, os valores anómalos do índice SL e os valores mais elevados do que a média da integral hipsométrica confirmam a natureza ativa do Jajra Thrust e do Nahan Thrust. Os terraços fluviais são dominados nas camadas de impulso NT e HFT. A datação OSL do terraço fluvial em NT mostra que a última atividade ao longo de NT ocorreu por volta de 50 ka, enquanto trabalhos anteriores em HFT sugeriram uma atividade tectónica muito mais jovem ao longo de HFT. São necessárias mais datações para compreender completamente o padrão espácio-temporal da deformação tectónica na área da bacia. Este trabalho sugere que o modelo sesimotectónico nesta área deve incluir todas as falhas porque os dados geomórficos indicam a sua ativação em diferentes períodos de tempo. O trabalho também mostra a importância dos dados geomórficos na análise da natureza da deformação tectónica em qualquer área.

Capítulo 1
Introdução

1.1 Antecedentes

A evolução geomórfica dos Himalaias e das suas áreas limítrofes é significativamente influenciada pela neotectónica e pela tectónica ativa associadas à migração para norte da placa indiana e à sua colisão com a placa euro-asiática. Com o avanço da frente topográfica para sul, o Himalayan Frontal Thrust (HFT) é considerado a falha mais ativa responsável pela dobragem e elevação dos Siwaliks. A frente dos Himalaias é caracterizada pela variabilidade da plataforma, designada por saliência e reentrância. No noroeste dos Himalaias, a proeminente reentrância de Kangra e Dehradun é separada pela saliência de Nahan. A colisão em curso da Índia com a Eurásia produziu quatro grandes terramotos de impulso ao longo dos 2500 km de comprimento da frente dos Himalaias durante os últimos 100 anos (Kumar et al, 2001). A colisão em curso da Índia com a Eurásia resultou em três grandes terramotos ao longo da frente dos Himalaias durante os últimos ~100 anos (Seeber e Armbruster, 1981). De leste para oeste, a sequência inclui o terramoto de Kangra de 1905 (Ms~7.8), o terramoto de Bihar-Nepal de 1934 (M = 7.7 + 0.2) e o terramoto de Assam de 1950 (Mw ~8.6) (Pandey e Molnar, 1988). Embora nenhum dos terramotos tenha produzido rutura primária de superfície, tem sido geralmente assumido com base em isossismos e localização que os terramotos são o resultado de deslizamento na HFT (Seeber e Armbruster, 1981).

A falta de rutura primária de superfície durante os grandes terramotos históricos levou os trabalhadores anteriores a atribuir a sua ocorrência a um impulso cego, em que a libertação de tensão é expressa como crescimento anticlinal em vez de rutura primária de superfície ou rutura de superfície co-sísmica (Yeats e Thakur, 1998). Três grandes falhas de impulso convergentes para sul atingem o comprimento do arco dos Himalaias (Bull, W. B 1930). O mais setentrional dos três impulsos é o Impulso Central Principal (MCT), que emerge ao longo da borda sul dos Altos Himalaias e não foi observado a romper depósitos quaternários, pelo que é geralmente considerado inativo.(Valdiya, K. S 2013) O Main Boundary Thrust (MBT) marca a borda sul do Himalaia Menor, é expresso em rochas ao longo do arco e é observado localmente para deslocar depósitos quaternários (Kumar et al, 2001). O impulso mais a sul é o HFT, que é agora considerado o mais ativo dos três e delineia o limite norte da placa indiana exposta. Embora tenham sido realizados vários estudos nos reentrantes de Kangra e Dehradun, o saliente de Nahan continua a ser pouco estudado (Singh V e Tandon S.K, 2008), o que aponta para a questão da variação da cinemática da deformação ao longo do arco, marcando o saliente de Nahan como uma área importante para o estudo da tectónica ativa.

1.2 Objectivos

O principal objetivo é analisar o padrão geomórfico de deformação na bacia do rio Markanda em resposta à atividade neotectónica em curso. O estudo incluirá os seguintes objectivos específicos

- Efetuar a análise topográfica e calcular os índices geomórficos utilizando os dados do Modelo Digital de Elevação (DEM).
- Preparar um mapa geomórfico da área de estudo e analisar os processos de superfície utilizando dados de Deteção Remota
- Cartografia dos parâmetros da forma plana do canal, características geomórficas para a elaboração do mapa geomórfico e análise dos processos fluviais em resposta à deformação tectónica
- Integração de todos os dados para modelar a resposta geomórfica da bacia do rio Markanda à deformação tectónica

1.3 Área de estudo

Nahan é uma grande cidade situada perto do rio Markanda a 30,55°N 77,3°E. Tem uma altitude média de 920 m (Fig. 1). A uma altitude de 932 m, uma topografia ondulada e inclinada e colinas estéreis são as características comuns de Nahan. Os declives médios situam-se entre os 40% e os 50%. A precipitação média anual é de cerca de 1 206 mm, dos quais cerca de 950 mm caem entre junho e outubro. Um aspeto caraterístico das bacias de drenagem de Markanda é o controlo exercido pelas grandes falhas. As principais falhas na região são Nahan Thrust, Jajra Thrust e Bilaspur thrust (Sen, D. P 1981). Outro aspeto caraterístico é o facto de a textura do solo nas aldeias em redor de Nahan ser arenosa a franco-arenosa. Nesta zona, as colinas de baixo relevo no sul atingem uma altura máxima de 700 m. No segmento norte do Dun, as montanhas têm uma altitude superior a 1400 m em alguns locais. Assim, o relevo geral a norte das ribeiras axiais é superior a 800 m, enquanto a sul é de cerca de 200 m. Os afluentes que drenam do norte são muito longos e abriram gargantas profundas e depositaram leques aluviais e terraços fluviais. Estes afluentes drenam através dos Terciários Inferiores e dos Siwaliks, ao contrário dos afluentes que drenam de sul para norte, que atravessam os Siwaliks e têm um comprimento muito curto.

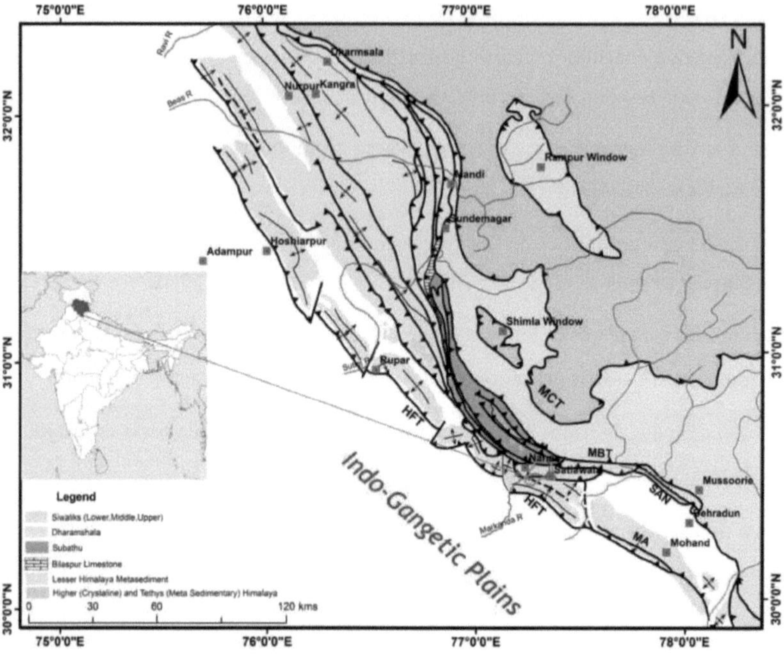

Fig 1 Mapa que mostra a geologia regional da área. O polígono de cor vermelha marca a atual área de estudo: - Satiawala (segundo Powers et al., 1988)

1.4 Geologia e tectónica ativa na área

Medlicott (1864) utilizou pela primeira vez o termo "Sistema Sub-Himalaio" para designar a cintura de rochas terciárias que forma a cordilheira Siwalik e outros contrafortes na região dos Himalaias do antigo Panjab e das Províncias Unidas. Mais tarde, Medlicott propôs uma classificação mais precisa e dividiu o sistema sub-himalaio em duas séries. Considera-se, em geral, que os três grupos de rochas: a zona do Himalaia Menor (LHZ), a zona do Sub-Himalaia Inferior (SHZ) (Subathu-Dharamsala e SHZ Superior (Siwalik), estão completamente separadas umas das outras por tectónica, tanto à superfície como à subsuperfície. Para além dos dois impulsos de importância regional, nomeadamente o Impulso Frontal Principal (MFT) e o Impulso da Fronteira Principal (MBT) acima referidos, existe um grande número de impulsos à escala do mapa na Cintura de Impulso Frontal (FTB) (Sarp, G., 2011; Singh, T, 2011). Um número de anticlinais e sinclinais de grande escala também estão presentes. Os traços superficiais dos empuxos e os traços axiais das dobras são aproximadamente paralelos entre si. As análises estatísticas das inclinações dos planos de acamamento e dos planos axiais das dobras de pequena escala sugerem que as rochas da SHZ e da LHZ foram deformadas num único episódio de deformação contínua. Por isso, colocamos a ZLH juntamente com as rochas da ZSH na sequência de cobertura e consideramos as rochas cristalinas da Zona Cristalina do Alto Himalaia (ZCHH) como o embasamento. Por conseguinte, a SHZ e a LHZ constituem, em conjunto, a Faixa Frontal de Dobras e Esforços (FTB) nos Himalaias. O padrão de deformação nesta cintura é caraterístico de uma configuração tectónica de pele fina, embora a LHZ seja constituída por uma Sequência Sedimentar Proterozóica (Mukhopadhyay, 2006). No entanto, a diferença reside principalmente na preservação e extensão destas superfícies geomórficas. Estão mal preservadas e são menos extensas no Saliente de Nahan, provavelmente devido a uma erosão mais concentrada nas bacias de drenagem por pequenos cursos de água. Em alternativa, a ausência de qualquer sistema de drenagem importante no Saliente de Nahan pode não ter proporcionado áreas extensas para o desenvolvimento e preservação de superfícies geomórficas. As superfícies geomórficas, sempre que presentes, estão cobertas por material de terraço em vários locais, todos de idade pós-Siwalik, ou seja, do Pleistoceno Superior ao Recente (Quadro 1).

	Litho unit	Rock Type	Age
Gangetic plain	Younger Alluvium	Sand, silt, clay	Holocene
	Older Alluvium	Sand, silt, clay with kankar	Pleistocene
	Himalayan Frontal Thrust (HFT)		
Siwalik Group (Mid Miocene to Pleistocene)	Upper	Mudstone, sandstone, clay	Mid Pleistocene
	Middle	Sandstone, with sub-ordinate sandstone	Late Miocene
	Lower	Sandstone, conglomerate	Mid Miocene
	Nahan Thrust-		
	Lower Siwaliks	Mudstone and sandstone	
	Main Boundary Fault (MBT-		
Lower Tertiary (Paleocene to Early Miocene)	Subathu	Shales with lime-stone bands sub-ordinate sandstone	Paleocene to Eocene
	Dagsai	Sandstone and mudstone	Oligocene
	Kasauli	Micaceous sandstone	Miocene

Tabela 1 Estratigrafia da Bacia de Markanda (modificado de Raiverman, 2002)

1.5 Escala regional (zona dos Himalaias)

A Orogenia dos Himalaias é constituída por cinco conjuntos tectónicos principais que se justapõem ao longo de falhas terciárias da cintura de empurrões dos Himalaias. A sul, e estruturalmente mais baixos, encontram-se os estratos das bacias terciárias que registam a elevação e a erosão dos Himalaias desde a colisão Índia-Ásia, há aproximadamente 55 milhões de anos (Hodges, 2000). Estes estratos são sobrepostos ao longo do Main Boundary Thrust por estratos de idade principalmente proterozóica dos Himalaias Menores, que se acumularam ao longo da margem norte do Cratão Indiano.

Os lençóis de empuxo são constituídos principalmente por rochas metamórficas do Neoproterozóico ao Paleozoico inferior e por corpos graníticos do Cambro-Ordovícico, que são depositados sobre estratos ordovícicos e mais jovens. Nas partes mais elevadas dos Himalaias, as rochas dos Himalaias Menores são sobrepostas ao longo da Falha Central Principal por rochas metamórficas de alto grau dos Himalaias Maiores. De todo o terreno dos Himalaias, acredita-se que o Sub-Himalaia apresenta excelentes sinais de tectónica ativa. O Main Boundary Thrust (MBT) que separa os Himalaias Exteriores e os Himalaias Menores tem uma história registada de actividades tectónicas no passado recente. A colisão entre as placas indiana e eurasiática desde cerca de 60 Ma criou o arco dos Himalaias. Medições recentes do Sistema de Posicionamento Global (GPS) indicam que a convergência entre as placas indiana e euro-asiática se situa entre 50 e 60 mm/ano. É geralmente aceite que cerca de 50% da convergência total está a ser absorvida por movimentos de impulso no arco dos Himalaias. O resto da convergência é explicado pela extensão da crosta, pelo movimento de falhas de impulso e pelo movimento de deslizamento ao longo de falhas na placa euro-asiática mais a norte. (Paul et al 2001).

O Himalayan Frontal Thrust (HFT) tem sido a falha mais ativa durante o período Quaternário. A sua atividade foi estudada em alguns locais do Nepal e na parte ocidental do vale de Dehradun, no noroeste dos Himalaias. O arco dos Himalaias, que se estende por uma distância de cerca de 2900 km, é constituído por três zonas longitudinais distintas de norte a sul: Himalaia Superior (rochas metamórficas e cristalinas), Himalaia Inferior (sequências pré-cambrianas) e Sub-Himalaia (principalmente sedimentos fluviais do Terciário e sequências marinhas pouco profundas). Estas zonas são delimitadas, ao longo dos lados meridionais, pelo Main Central Thrust (MCT), Main Boundary Thrust (MBT) e Himalayan Frontal Thrust (HFT), respetivamente. O HFT separa as rochas dos Himalaias Exteriores dos Himalaias Inferiores em 20003000 m abruptamente acima das formações Siwalik a sul. Forma escarpas de falha e perturbou os depósitos/terraços do Quaternário em grandes áreas nas partes oriental e ocidental do vale em 1000-1200 m. (Parkash, 2011).

1.6 Configuração Estrutural e Geologia da Bacia do Rio Markanda

No cenário estrutural, a falha de Black Mango tear está localizada ao longo da porção noroeste da HFT entre duas áreas de tremores intensos associados ao terramoto de magnitude (Ms) 7,8 de 1905. A falha transforma o movimento entre dois segmentos da HFT e atravessa a pequena cidade de Kala Amb. As escarpas em aluviões quaternários não são distintas ao longo do traço principal da HFT perto de Kala Amb. O deslocamento na HFT subjacente produziu um anticlíneo assimétrico a sul no Grupo Siwalik na parede suspensa. Perto de Kala Amb, os leitos Siwalik no membro posterior do anticlíneo apresentam mergulhos para norte que variam entre 20° e 40°. As direcções de mergulho invertem-se e são tão acentuadas como 60° para sul no membro anterior do anticlinal. Estruturas semelhantes são observadas noutros locais ao longo do HFT e foram atribuídas a dobras de dobragem ou de propagação de falhas. (Kumar, 2011).

A elevação observada no lado leste da falha de Black Mango é devida ao deslocamento na HFT subjacente e mergulhante. O mergulho da HFT subjacente sob o membro posterior da dobra é igual ou maior do que o mergulho dos estratos no membro posterior, dependendo da presença ou ausência de cisalhamento interno na parede suspensa. A elevação a longo prazo ao longo da HFT é reflectida nos estratos fluviais do rio Markanda, que são abruptamente truncados pela falha de Black Mango e agora situam-se cerca de 27 m acima do grau de fluxo ativo. Os terraços ocorrem como remanescentes finos ao longo da falha de Black Mango e como grandes planícies bem preservadas ao longo do rio Markanda. Os depósitos de estratos repousam sobre o leito rochoso de Siwalik, têm geralmente cerca de 7 m de espessura quando não sofrem erosão, consistem em cascalhos arredondados e são geralmente cobertos por 1 a 2 m de areia argilosa de grão fino. O abandono do terraço de Markanda é atribuído à elevação tectónica com base no truncamento dos terraços pela falha de Black Mango. (Kumar 2001).

1.7 Bacia do rio Markanda

A bacia do rio Markanda está localizada no sopé dos Himalaias nos estados de Himachal Pradesh e Haryana, no noroeste da Índia. A bacia está confinada entre 30°00" e 30°40" de latitudes norte e 76° 32" e 77° 24" de longitudes leste e cobre uma área de 1547 km^2 . A área faz parte de uma planície de montanha, que é o terreno aluvial mais fértil de Haryana, denominado "Ghaggar Yammuna Do Aab", no qual se pratica uma cultura intensiva. No entanto, a região, de clima semi-árido e sem cursos de água perenes, tem enfrentado uma escassez de abastecimento de água subterrânea, especialmente para uso potável e de irrigação. Os recursos hídricos subterrâneos na zona têm sido enriquecidos apenas pela precipitação. A precipitação varia entre 1560 mm na parte norte da bacia, no sopé dos Himalaias, e 546 mm na planície aluvial do sul. Nas últimas duas décadas, foi registada na região uma redução geral de cerca de 10 m de água subterrânea abaixo do nível do solo.

O rio Markanda nasce numa bacia hidrográfica distinta em torno de Nahan, nas colinas de Siwalik, corre para oeste ao longo de quase 25 km e oscila para sudoeste (Kalyanaraman, 2008). O Markanda, um afluente do rio Yamuna, é um pequeno rio da zona de Nahan, no distrito de Sirmaur, Himachal Pradesh. Depois de deixar Himachal Pradesh, o rio corre através de Haryana. Tem origem na face sul dos Himalaias inferiores, na extremidade ocidental do vale de Paonta (Thakur, V. C.2006). Este rio alimentado pela chuva tem um caudal muito baixo no inverno e no verão, mas durante a monção o nível da água sobe abruptamente. As colinas baixas dos Himalaias de Nahan situam-se no flanco direito do vale do Markanda, enquanto as colinas baixas de Siwalik se situam no flanco esquerdo. É um rio de sequeiro e tem um caudal muito baixo nos meses de inverno e verão, mas sobe abruptamente durante a monção.

A zona de empuxo é marcada por lamas e arenitos de cor castanha e púrpura, altamente esmagados e desgastados. Ao longo dos khalas de Panchbhaiya e Parduni, a norte da sua confluência com o rio Bata, os cascalhos de Doon repousam sobre os Siwaliks com uma inconformidade acentuada, agora com uma inclinação para NE. Isto também sugere que os cascalhos estão inclinados para NE após a sua deposição e subsequente movimento tectónico ao longo do impulso de Nahan (=Markanda) (Philip, et al., 2009). O impulso de Markanda (= impulso de Nahan) mergulha 25-30° para N-NNE e situa-se a sul da área de Parduni e separa os Siwaliks Inferiores dos Superiores. A bacia hidrográfica de Markanda (outra bacia de ordem superior) tem uma orientação diferente (oeste), enquanto as restantes cinco bacias convergem para Paonta Doon, a norte da cintura de Siwalik. Destas seis bacias hidrográficas, os glaciares actuais restringem-se apenas à bacia de quinta ordem de Tons, enquanto as restantes são desprovidas de glaciares. (Kalyanaraman, 2008).

Capítulo 2
Análise geomórfica da deformação tectónica utilizando RS e SIG - Revisão

2.1 Introdução

A geomorfologia tectónica é o estudo da interação entre os processos tectónicos e de superfície que moldam a paisagem em regiões de deformação ativa e em escalas temporais que vão de dias a milhões de anos. Ao longo da última década, os recentes avanços na quantificação das taxas e da base física dos processos tectónicos e superficiais estiveram na base de uma explosão de novas investigações no domínio da geomorfologia tectónica. A geomorfologia tectónica moderna é um campo excecionalmente integrador que utiliza técnicas e dados derivados de estudos (Burbank, 2001). Os efeitos tectónicos na geomorfologia podem variar desde escalas de milhões de anos até minutos ou menos. Os efeitos da tectónica na paisagem dependem em grande medida da natureza do tecido rochoso subjacente, que controla mais ou menos o tipo de morfologia local que pode ser modelada. Os sismos podem, em termos de minutos, submergir grandes áreas de terra, criando novas zonas húmidas. (Philip, G S 2006) O ressalto isostático pode ser responsável por mudanças significativas ao longo de milhares ou centenas de anos e permite que a erosão de uma cintura montanhosa promova mais erosão à medida que a massa é removida da cadeia e a cintura se eleva. A dinâmica tectónica de placas a longo prazo dá origem a cinturas orogénicas, grandes cadeias montanhosas com um tempo de vida típico de muitas dezenas de milhões de anos, que constituem pontos focais de elevadas taxas de processos fluviais e de encostas e, por conseguinte, de produção de sedimentos a longo prazo. Também se tem levantado a hipótese de que as características da dinâmica do manto mais profundo, como as plumas e a delaminação da litosfera inferior, desempenham um papel importante na evolução a longo prazo (> milhões de anos) e a grande escala (milhares de quilómetros) da topografia da Terra (ver topografia dinâmica). Ambas podem promover a elevação da superfície através da isostasia, uma vez que as rochas mantélicas mais quentes e menos densas deslocam as rochas mantélicas mais frias e mais densas em profundidade na Terra (http://en.wikipedia.org/wiki/Geomorphology#Tectonic_processes)

O cinturão de dobras e empuxos do foreland do Himalaia (Sub-Himalaia) é a expressão superficial do deslizamento no mega empuxo vergente sul (Zhao et al., 1993) sob o Himalaia ascendente. Numerosos terramotos moderados (M = 5,5 a 7) e alguns grandes (M > 8) ocorreram na região, mas a distribuição da atividade sísmica não está bem definida, porque só foram recolhidos dados precisos desde a década de 1960 (Molnar, 1984). Os registos dos últimos dois séculos, embora não sejam precisos de acordo com os padrões modernos, delineam lacunas sísmicas onde não ocorreram terramotos (Seeber et al., 1981; Yeats et al., 1992). Dado o estilo estrutural consistente da frente dos Himalaias entre as sintaxes oriental e ocidental na Índia, a taxa de deslizamento a longo prazo nas falhas ao longo da frente deve ser aproximadamente a mesma durante o Neoceno tardio. Por conseguinte, as lacunas sísmicas da frente dos Himalaias são interpretadas como regiões onde a tensão acumulada ainda não foi libertada por um ou mais grandes sismos. Quando os terramotos ocorrem no descolamento do limite da placa, são expressos como encurtamento no Sub-Himalaya. Para avaliar os riscos potenciais de tais terramotos, é necessário conhecer a taxa de deslizamento a longo prazo no decote. Para este fim, foram utilizados dados geológicos de reflexão sísmica, de poços exploratórios e de superfície para construir secções transversais equilibradas dos reentrantes estruturais de Kangra e Dehra Dun do noroeste da Índia. Os reentrantes são ideais para secções equilibradas; fora dos reentrantes, onde predomina o empuxo imbricado, apenas podem ser identificados cortes mínimos na parede suspensa, resultando em restaurações de secções pouco limitadas. Os reentrantes também fornecem evidências indirectas para a profundidade do empuxo principal dos Himalaias sob os Himalaias Menores, onde não existem evidências directas para além da profundidade dos hipocentros dos terramotos. Os problemas estruturais específicos abordados por esta técnica incluem (1) a mudança da profundidade do descolamento sob os estratos deformados dos Himalaias Menores; (2) características na superfície do subsolo, tais como deformações e deslocamentos; (3) a configuração de estruturas dentro dos estratos sobrejacentes, tais como dobras de propagação de falhas, retropropagações e zonas triangulares; e (4) o potencial envolvimento do subsolo na deformação compressional.

2.2 Porquê o Saliente de Nahan?

A natureza sinuosa da frente dos Himalaias na vista cartográfica foi reconhecida por vários trabalhadores nos Himalaias, mas não existe nenhum trabalho que analise sistematicamente este problema. A ênfase foi colocada no Nahan Thrust (=Markanda Thrust) e na sua extensão no norte do vale de Doon, onde a natureza ativa se reflecte no empuxo do arenito Lower Siwalik e dos mudstones sobre os cascalhos Quaternários de Doon, e nos terraços fluviais cortados nos leques (Virdi, 2005).

O principal objetivo é realizar uma análise topográfica utilizando dados de Modelos Digitais de Elevação (DEM) e o cálculo de índices geomórficos para decifrar a deformação tectónica, preparar um mapa geomórfico da área de estudo e analisar os processos de superfície utilizando dados de deteção remota a partir do LISS 3.

Mapeamento dos parâmetros da plataforma do canal e análise dos processos fluviais em resposta à deformação tectónica e, finalmente, integração de todos os dados para modelar a resposta geomórfica da bacia do rio Markanda à deformação tectónica.

2.3 Os trabalhos efectuados no âmbito do estudo são, até ao momento

As classes de atividade tectónica ao longo do Nahan Thrust (NT) no NW Sub-Himalaya foram estudadas por (Singh, 2007). A análise morfotectónica com recurso a imagens de deteção remota e a técnicas de SIG foi utilizada para identificar áreas com rápida deformação tectónica e para estimar as variações relativas da atividade tectónica ao longo da frente montanhosa nas Morni Hills (MH), marcada pela zona Nahan Thrust (NT). A NT separa as Upper Morni Hills (UMH) das Lower Morni Hills (LMH), altamente dissecadas. O modelo digital de elevação (DEM) da área coberto com a imagem de satélite foi utilizado para identificar diferentes zonas geomórficas, principalmente com base na altitude e na dissecação por cursos de água. A NT é também marcada por cursos de água incisivos no bloco da parede suspensa que se tornam entrançados no bloco da parede do sopé, ao longo da NT, o que pode ser muito bem detectado na imagem de satélite (Raiverman, V., N 1993). Os perfis topográficos traçados ao longo da NT, utilizando o DEM, mostram uma quebra acentuada do declive na frente da montanha. A análise morfométrica da frente da montanha foi efectuada determinando a sinuosidade da frente da montanha (Bishop, P, 2005 Cosby, B. T, 2001) (Smf) derivada de imagens de teledeteção e os índices da relação entre a largura do vale e a largura do vale (Vf) obtidos a partir de perfis topográficos utilizando o DEM. Os valores de Smf variam entre 1,1 e 2,4 e são característicos de frentes de montanha de baixa sinuosidade. Por outro lado, os valores de Vf (0,1 a 0,33) são bastante baixos. Estes dois índices indicam uma elevação ativa da frente da montanha e o consequente corte por cursos de água no bloco da parede suspensa. Além disso, utilizando os índices Smf e Vrind, duas classes de atividade tectónica: 1 (ativa) e 2 (moderadamente ativa) são identificadas na área de estudo. Foi ainda realizado um outro trabalho sobre os perfis dos cursos de água como indicador de deformação tectónica ativa ao longo do Intra-Foreland Thrust, Nahan Salient, NW India, no qual foram investigados os perfis dos cursos de água ao longo de cinco grandes cursos de água do Nahan Salient no Western SubHimalaya, com especial ênfase na reativação/tectónica ativa do IntraForeland Thrust (IFT). Cada um dos perfis das ribeiras é composto por dois a três segmentos de diferentes gradientes. Cada segmento compreende uma "extensão de curso de água" e é marcado por um índice de gradiente de comprimento de curso de água (SL) distinto (Suresh, N., 2007; Suresh, N.J 2002). As curvas do índice SL desenhadas para os cinco cursos de água mostram um aumento anómalo dos seus valores no contacto de dois cursos de água. Estas anomalias distintas encontram-se associadas à exposição superficial do Intra-Foreland Thrust no terreno. Da mesma forma, a baixa sinuosidade da frente da montanha (1,1 a 2,4) e a baixa relação largura/altura do vale (0,1 a 0,33) também reflectem a deformação tectónica ativa ao longo do IFT devido à reativação. A atual abordagem do perfil do curso de água é mais simples, mais fácil e mais rápida para localizar locais de reativação relacionados com a falha. Trabalhou também nas Evidências Geomórficas e Estruturais da Atividade Neotectónica na Faixa Sub-Himalaiana do Saliente de Nahan,

Noroeste da Índia. O neotectonismo na cintura sub-himalaiana não é novo. Além disso, a palavra "Sub-Himalaya" é quase sinónimo de "atividade neotectónica".

É importante notar que a atividade neotectónica nas bacias hidrográficas de Markanda e Bata de Himachal Pradesh, NW Himalaya: the morphotectonic approach de Virdi, 2006, onde ele trabalha numa cintura orogénica como os Himalaias, as expressões de actividades neotectónicas são numerosas, manifestadas principalmente por falhas e inclinação de depósitos quaternários (leques aluviais e terraços fluviais), canais controlados por falhas, captura de rios, etc., bem expressos em imagens de satélite. Até à data, ainda não foram efectuados estudos sobre a quantificação da inclinação em bloco das bacias hidrográficas nos Himalaias. O objetivo deste estudo é quantificar a inclinação do bloco utilizando parâmetros morfotectónicos, tais como o fator de assimetria da bacia (AF) e o fator de simetria topográfica transversal (TF) nos cursos superiores dos rios Markanda e Bata (Himachal Pradesh). Os valores de AF de 89,34 e 25,69 e os valores de TF de 0,77 e 0,67 para sul-sudoeste, respetivamente, para Markanda e Bata indicam que os segmentos setentrionais das bacias hidrográficas dos rios Markanda e Bata estão inclinados para sul em relação aos cursos principais. Os canais controlados por falhas e lineamentos dos rios Bata e Markanda e alguns dos seus afluentes corroboram ainda mais as actividades neotectónicas nesta região.

Estabelecimento da ligação entre o rio Markanda e o rio Vedic Saraswati em Haryana, Índia - abordagem da resistividade geoeléctrica (Kshetrimayum, 2011). A ligação entre o rio Markanda e o rio Vedic Saraswati nas planícies do norte de Haryana foi estabelecida com base em estudos de resistividade geoeléctrica. O estudo revelou extensos canais de areia enterrados compostos por areia grossa com cascalho e areia fina. A espessura média do horizonte do aquífero de areia grossa com cascalho era de cerca de 90 m e foi identificada a uma profundidade entre 10 e 100 m. O horizonte de areia fina foi observado para além de uma profundidade de cerca de 45 m. Estes corpos de areia estendem-se lateralmente por uma distância de cerca de 12 km na direção NE a SW, ligando o rio Markanda e o rio Vedic Saraswati. Os valores de resistência transversal destes canais enterrados (7392-7585 Ωm^2 para areia grossa com cascalho, e 384-2856 Qm^2 para areia fina) indicam um bom potencial de água subterrânea. A idade destes corpos de areia enterrados pertence ao período Harappan tardio, como é evidente em diferentes sítios arqueológicos encontrados dentro e à volta da área de estudo. Assim, o presente estudo revela que, em tempos, a bacia de Markanda fazia parte do sistema fluvial Vedic Saraswati, e uma das cabeceiras do outrora célebre rio Vedic Saraswati pode ser identificada como o atual rio Markanda.

Effect of Drainage Area on Hypsometry from an Analysis of Small-Scale Drainage Basins in the Siwalik Hills (Hurtrez, 1999), A hipsometria das bacias de drenagem (análise da área ± elevação) tem sido geralmente utilizada para inferir o estádio de desenvolvimento geomórfico e para estudar a influência de factores forçantes variáveis (i.e. tectónica, clima, litologia) na topografia. No entanto, a dependência da escala da hipsometria tem sido geralmente negligenciada. A fim de avaliar a dependência da hipsometria em relação à escala, este estudo centra-se na sensibilidade da hipsometria a diferentes resoluções do Modelo Digital de Elevação (DEM) e na influência da área de drenagem. A hipsometria inferida a partir de diferentes DEMs mostra-se robusta face a variações da sua resolução. No entanto, a hipsometria parece estar dependente da área de drenagem. Propomos que esta dependência de escala possa refletir a importância variável dos processos fluviais e de encosta com a área da bacia.

2.4 Porque é que este trabalho é realizado?

A maior parte da variabilidade geomórfica na área saliente de Nahan ainda não foi compreendida. Em resumo, a evolução geomórfica dos Himalaias e das suas áreas limítrofes é significativamente influenciada pela neotectónica e pela tectónica ativa associadas à migração para norte da placa indiana e à sua colisão com a placa euro-asiática. Com o avanço da frente topográfica para sul, o Himalayan Frontal Thrust (HFT) é considerado a falha mais ativa responsável pela dobragem e elevação do Siwalik. A frente dos Himalaias é caracterizada por uma variabilidade de formas planas, designadas por saliência e reentrância. No noroeste dos Himalaias, as proeminentes reentrâncias de Kangra e Dehradun são separadas pelo saliente de Nahan. Embora tenham sido efectuados vários estudos nos reentrantes de Kangra e Dehradun, o saliente de Nahan continua a ser pouco estudado. Além disso, os estudos mostraram que o HFT é segmentado (Singh e Tandon, 2008). A questão da variação da cinemática da deformação ao longo do arco torna o Saliente de Nahan uma área importante para o estudo da tectónica ativa. Outra razão importante para trabalhar nesta região é a sua frente montanhosa. Existem impulsos nesta área, tais como o impulso de Bilaspur, o impulso de Jajra e o impulso de Nahan, que passam por esta área. A MFT também está a passar por esta bacia de Marakanda.

Capítulo 3

Análise Morfométrica da Bacia Hidrográfica do Rio Markanda

3.1 Introdução

A morfometria é definida como a medição quantitativa da forma da paisagem. Ao nível mais simples, as formas de relevo podem ser caracterizadas em termos da sua dimensão, elevação e declive. As medições quantitativas permitem aos geomorfólogos comparar objetivamente diferentes formas de relevo e calcular parâmetros menos simples que podem ser úteis para identificar uma caraterística específica de uma área. Os índices geomórficos foram desenvolvidos como instrumentos básicos de reconhecimento para identificar áreas que sofrem uma rápida deformação tectónica. Esta informação é utilizada para planear a investigação com vista a obter informações detalhadas sobre a tectónica ativa. (Keller, 2002). Foram desenvolvidos muitos índices para quantificar a descrição da paisagem. Os índices geomórficos são particularmente úteis em estudos tectónicos porque podem ser utilizados para a avaliação rápida de grandes áreas e os dados necessários podem muitas vezes ser obtidos facilmente a partir de mapas topográficos e fotografias aéreas. A deformação tectónica e as interacções com os processos de superfície ao longo de intervalos de centenas de anos produzem as paisagens que vemos hoje em muitas áreas tectonicamente activas. A taxas de elevação vertical de cerca de 1 mm/ano e a taxas de deslocação horizontal de cerca de 1 cm/ano, ocorrem centenas de metros de elevação e vários quilómetros de deslocação lateral ao longo destes períodos de tempo "intermédios". Em combinação com as variações climáticas e litológicas, estes movimentos exercem um controlo fundamental sobre a paisagem.

3.2 Dados utilizados

Para a digitalização dos terraços, foram utilizadas imagens IRS LISS III, dados SRTM, Survey of India toposheet 53 F/6 & F/2 (escala de 1:50.000). O ArcGIS e o Google Earth foram utilizados para a cartografia dos terraços. O índice de comprimento do curso de água (SL) foi gerado para o rio principal Markanda. O Sistema de Informação Geográfica (SIG) é um sistema de informação baseado em computador utilizado para representar e analisar digitalmente as características geográficas presentes na superfície da Terra e os eventos (atributos não espaciais ligados à geografia em estudo) que nela ocorrem. O significado de representar digitalmente é converter o analógico (linha suave) numa forma digital.

3.3 Software utilizado

ArcGIS: - O ArcGIS é um sistema de informação para apresentação e análise de dados geográficos desenvolvido pelo Environmental Systems Research Institute (ESRI), Canadá. Como todos os sistemas de informação, o ArcGIS também tem um modelo bem definido para trabalhar com dados.

Este modelo, denominado geodatabase (base de dados geográfica), define todos os tipos de dados que podem ser utilizados no ArcGIS.

Pacotes e componentes do ArcGIS: - Consiste no software de ambiente de trabalho ArcGIS, no ArcSDE e no ArcIMS. O ArcGIS desktop inclui um conjunto de aplicações integradas: ArcMAP, Arc Catalog e Arc Tool Box. Utilizando estas aplicações em conjunto, é possível realizar a tarefa SIG necessária.

Arc MAP: - O ArcMap é a aplicação central do Arc GIS Desktop. É a aplicação GIS utilizada para todas as tarefas baseadas em mapas, incluindo vectorização, cartografia, análise e edição de mapas. Toda a digitalização foi efectuada com este software

Catálogo Arc: - A aplicação Arc Catalog contém muitas ferramentas GIS utilizadas para geoprocessamento.

Arc Toolbox: - É uma aplicação que contém muitas ferramentas SIG utilizadas para geoprocessamento. Nesta ferramenta, a opção de ferramenta de hidrologia é utilizada para gerar Perfis Longitudinais, Índice SL.

3.4 Índices Geomórficos

Os perfis fluviais são um elemento importante da geomorfologia da bacia de drenagem, na medida em que, juntamente com a rede de canais, fixam as condições de fronteira para os processos de declive. O perfil longitudinal é simplesmente um gráfico da altura (H) contra a distância a jusante (L), expresso formalmente por

$$\mathbf{H = f\,(L)}$$

A definição das taxas de elevação da frente de montanha requer descrições das taxas de corte descendente do canal nas montanhas e das taxas de agregação do piemonte, a fim de compreender os controlos do nível de base nos troços dos sistemas fluviais que atravessam as falhas que delimitam a cordilheira. A desnudação da frente de montanha é mais variada e complexa do que a das falhas de piemonte, porque a maior escala permite um controlo climático e litológico mais diversificado e porque a elevação pode resultar de múltiplas zonas de queda do nível de base tectónico.

Alguns dos índices geomórficos mais úteis em estudos de tectónica ativa incluem:

- Perfil longitudinal e índice de comprimento do curso de água (índice SL)
- Os integrais hipsométricos e a curva hipsométrica

O resultado de vários índices pode também ser combinado com outras informações, tais como taxas de elevação, para produzir classes de atividade tectónica, que são avaliações de base ampla do grau relativo de atividade na área.

3.4.1 Perfil longitudinal e índice SL

O perfil longitudinal de um curso de água (perfil longo) é uma representação gráfica do comprimento do canal ou do vale em relação à elevação do canal ou do vale acima do nível do mar (Hack, 1973). O método consiste na aplicação da seguinte fórmula:

$$SL = (\Delta h/\Delta l).L$$

sendo SL, o índice Stream-Length, Ah a diferença entre o ponto mais alto e o ponto mais baixo de uma determinada secção do canal, Δl a projeção horizontal da secção estudada e L, o comprimento do ponto mais distante da secção estudada até à cabeceira da bacia, em linha reta. Para calcular o SL total, divide-se o Δh total da drenagem pelo logaritmo de L. O índice SL é muito sensível a alterações no declive do canal, e esta sensibilidade permite avaliar as relações entre a possível atividade tectónica na área.

3.4.2 Os integrais hipsométricos e a curva hipsométrica

A superfície terrestre é moldada por processos tectónicos e erosivos simultâneos, pelo que a análise dos processos envolvidos na construção da paisagem requer parâmetros geomórficos pertinentes. (Sinha, R., 1994) sugerem que a hipsometria pode refletir a interação entre a tectónica e a erosão e pode constituir um índice geomórfico valioso para determinar a importância relativa destes processos. A hipsometria é a porção relativa de área a diferentes altitudes numa região e uma curva hipsométrica representa a porção relativa da área da bacia abaixo (ou acima) de uma determinada altura (Strahler, 1952). A integral hipsométrica (HI) é um parâmetro geomorfológico classificado de acordo com as fases geológicas do desenvolvimento da bacia hidrográfica. Assume importância na estimativa do estado de erosão da bacia hidrográfica e na subsequente definição de prioridades para a realização de actividades de conservação da água e do solo. O integral hipsométrico é também uma indicação do ciclo de erosão (Strahler 1952)

A curva hipsométrica descreve a distribuição das elevações numa área de terra, desde uma bacia de drenagem até ao planeta inteiro. A curva é criada traçando a proporção da altura total da bacia (h/H=altura relativa)) contra a proporção da área total da bacia (a/A=área relativa). A altura total (H) é o relevo dentro da bacia. A superfície total da bacia (A) é a soma das áreas entre cada par de curvas de nível adjacentes. A área (a) é a área da superfície da bacia acima de uma determinada linha de cota (h). O valor da área relativa (a/A) varia sempre de 1,0 no ponto mais baixo da bacia (onde h/H=1,0). Um atributo útil da curva hipsométrica é o facto de bacias de drenagem de diferentes dimensões poderem ser comparadas entre si, uma vez que a área e a elevação são representadas em função da área total e da elevação total. Desde que as cartas topográficas utilizadas sejam de uma escala suficientemente grande para caraterizar com precisão as bacias que estão a ser medidas, não deverá haver qualquer efeito de escala diferente. Uma forma simples de caraterizar a forma da curva hipsométrica para uma determinada bacia de drenagem é calcular o seu integral hipsométrico. O integral é definido como a área sob a curva hipsométrica. Uma forma de calcular o integral para uma dada curva é a seguinte:

$$HI = \frac{\text{Elevação média - Elevação mínima}}{\text{Elevação máxima - Elevação mínima}}$$

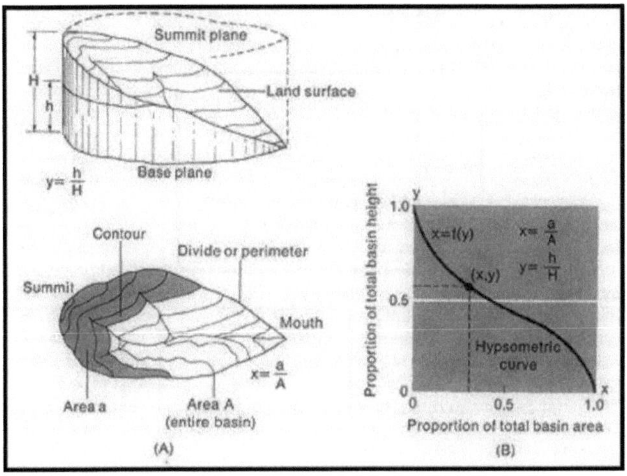

Fig. 3.1: Conceito de análise hipsométrica e modelo de curvas hipsométricas (Strahler, 1952)

Valores elevados do integral hipsométrico indicam que a maior parte da topografia é elevada em relação à média, tal como uma superfície suave de terras altas cortada por um curso de água profundamente incisivo. Valores intermédios a baixos do integral estão associados a bacias de drenagem mais uniformemente dissecadas. Um integral hipsométrico elevado indica uma topografia jovem, um intermédio ou uma curva hipsométrica em forma de sigmoide indica a fase madura e, além disso, a fase antiga não altera o valor dos integrais. Assim, a análise hipsométrica continua a ser um instrumento poderoso para diferenciar as regiões tectonicamente activas das inactivas.

3.5 Metodologia adoptada

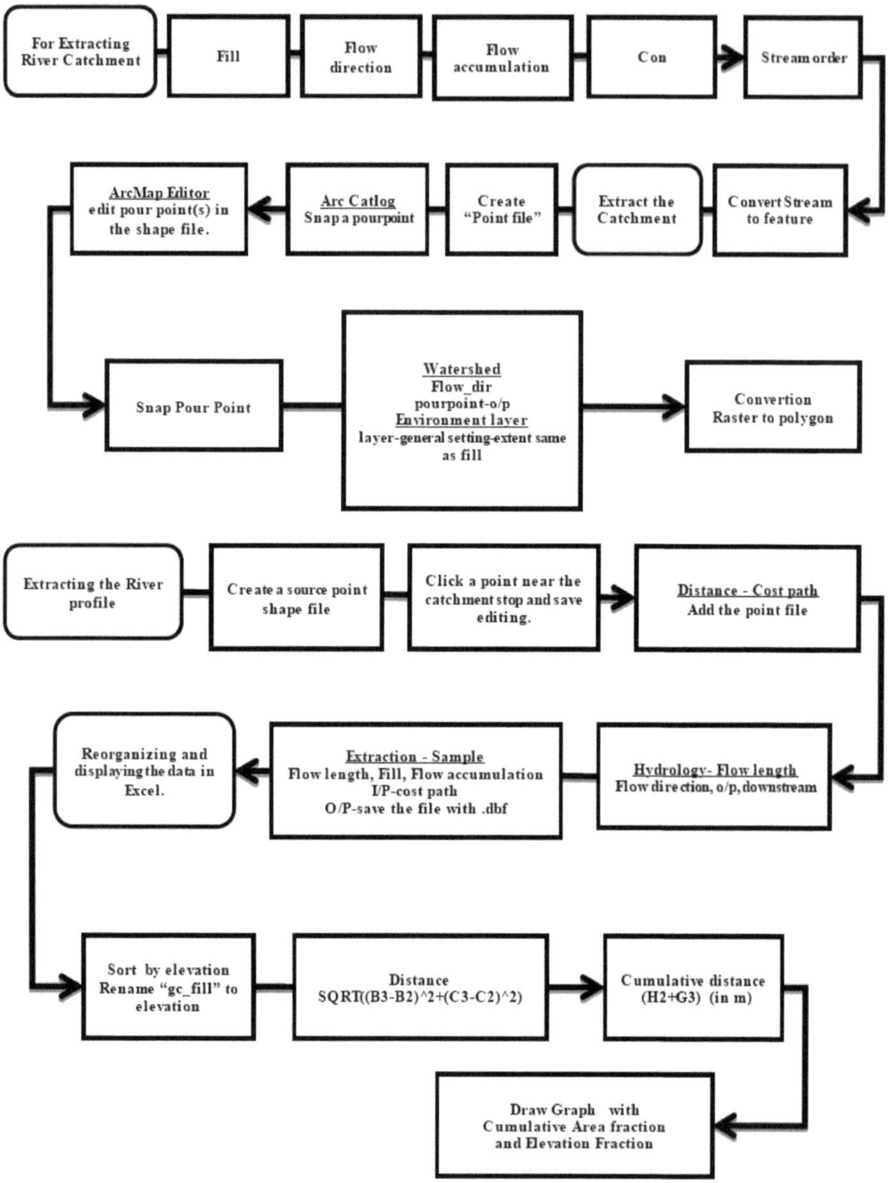

Fig. 3.2: Fluxograma adotado para a determinação da hipsometria e do perfil longitudinal

3.6 Resultados

3.6.1 Perfil longitudinal e índice SL

Os rios que não são perturbados tectonicamente desenvolvem tipicamente um perfil longitudinal côncavo e de variação suave (Burbank 2008). Os desvios do gradiente do rio em relação a esta forma ideal suave podem refletir variações na litologia do leito do rio, ou atividade tectónica. Prevê-se que os rios que são perturbados tectonicamente se aproximem rapidamente de um perfil de gradiente (Snow e Slingerland, 1987), uma vez que tais perturbações ocorram. Assim, as perturbações nos perfis dos rios podem ser interpretadas como uma resposta à tectónica em curso.

Neste estudo, os perfis dos cursos de água mostram quebras ao longo do impulso como JjT, BiT, NT. Estas quebras ou mudanças de gradiente no perfil do rio foram analisadas utilizando o Perfil Longitudinal e o Índice SL. Assim, calculámos o índice SL ao longo dos rios utilizando um DEM (extraído de um mapa topográfico digitalizado 1:25000). Os perfis longos da bacia do rio Markanda foram calculados em rios seleccionados como (Rio 1, 2, 3, 4) (Fig 3.3 B,C,D,E). Devido aos impulsos (JjT BiT NT) que atravessam o rio, as mudanças no gradiente do perfil do rio confirmam a presença de um ponto de corte proeminente (marcado com uma seta vermelha) e também dois pontos de corte menores (marcados com uma seta preta) no perfil do rio 1 (Fig. 3.3B). O perfil longitudinal do rio 1 mostra dois pontos de corte principais que estão marcados a uma distância de 2,5 km e 12,6 km da cabeceira do rio, que se correlacionam com o impulso JjT / BiT e o impulso NT, respetivamente. O rio 2 (Fig. 3.3C) mostra dois pontos principais de Knick marcados a 3,5kms e 17kms da cabeceira do rio, que se correlacionam com o impulso JjT / BiT e o impulso NT, respetivamente. No rio 3 (Fig. 3.3D), as quebras não estão correlacionadas com quaisquer estruturas e estas quebras podem ser desenvolvidas devido a erros nos dados SRTM. A causa da maioria das quebras no perfil é desconhecida. No rio 4 (Fig. 3.3E), foram identificados dois pontos de rutura a 25 km e 85 km da nascente do rio, que podem ser devidos ao impacto do NT e alguns ao HFT. No rio 5 (Fig 3.3F), podemos ver menos irregularidades no perfil. O perfil longitudinal das bacias do rio Markanda não é suave; no entanto, o perfil longitudinal do rio 1, 2 e 4 tem alcances convexos (a 4.2, 4.4 e 2.5kms) que são caracterizados por mudanças abruptas no declive. Estes alcances convexos nos perfis ajudam a identificar os pontos de intersecção.

O índice SL foi gerado para os rios A e B. Os perfis dos rios A e B mostram uma rutura clara no gradiente do curso de água, marcada por um aumento anómalo do valor do índice SL mostrado na figura (3.4). Observa-se que o aumento anómalo do índice SL corresponde à zona de falha ao longo do perfil do curso de água. Estas quebras no gradiente do curso de água e no índice SL estão correlacionadas com falhas/zonas de falhas. O rio A apresenta um valor elevado de SL em dois pontos, o que está relacionado com o Nahan Thrust (NT).

Deduz-se que os perfis dos cursos de água são afectados pela atividade tectónica ao longo do Nahan Thrust. O rio B também apresenta dois valores elevados de SL que se desenvolvem devido a JjT/BiT e NT. A partir daqui, compreendemos que o JjT/BiT e o NT mostram atividade tectónica que é registada no perfil do curso de água.

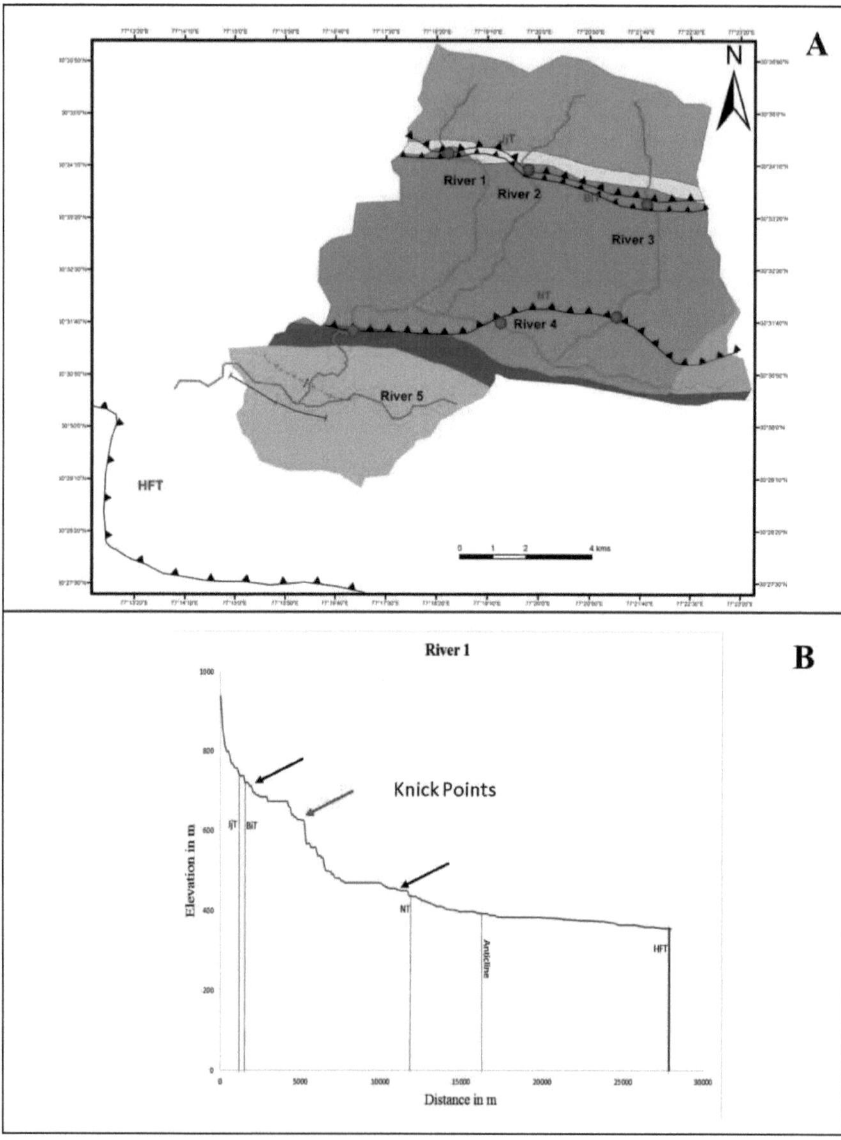
A
N
River 1
River 2
River 3
River 4
River 5
HFT
0 1 2 4 kms
B
River 1
Knick Points
Elevation in m
Distance in m
NT
Anticline
HFT

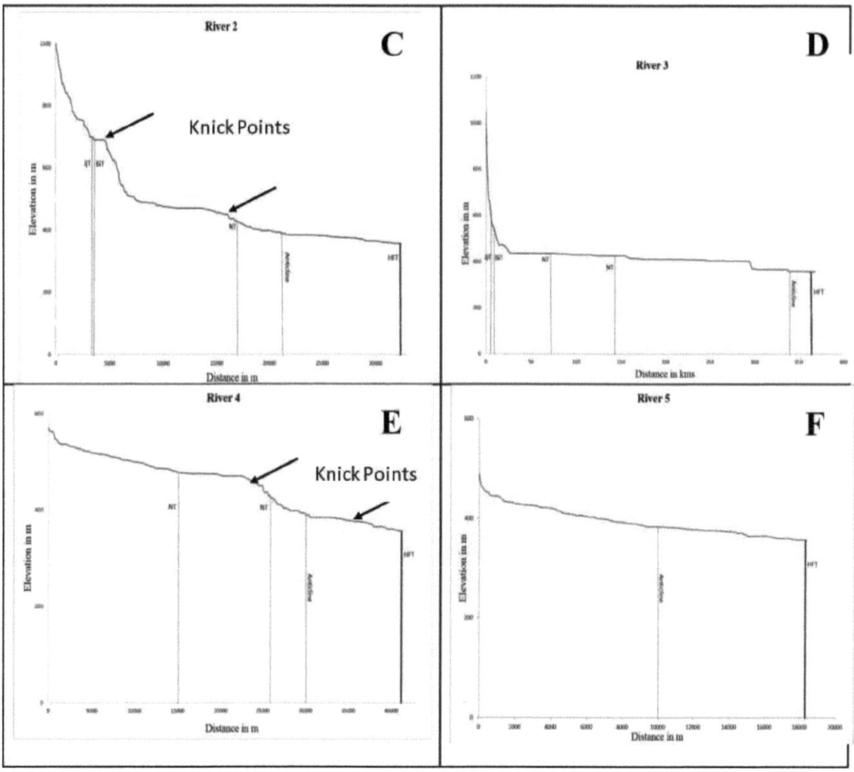

Fig. 3.3 Perfil longitudinal das bacias hidrográficas do rio Markanda, mostrando os pontos de intersecção (cor vermelha) e a estrutura que estão marcados no mapa acima. Rio 1 (Fig. 3.3B). O Perfil Longitudinal do Rio 1 mostra dois pontos principais que estão marcados a uma distância de 2.5kms e 12.6 kms da cabeceira do rio que se correlaciona com o impulso JjT / BiT e o impulso NT respetivamente. O rio 2 (Fig. 3.3C) mostra dois pontos principais de Knick marcados a 3,5kms e 17kms da cabeceira do rio, que se correlacionam com o impulso JjT / BiT e o impulso NT, respetivamente. No rio 3 (Fig. 3.3D), as quebras não estão correlacionadas com quaisquer estruturas e estas quebras podem ser desenvolvidas devido a erros nos dados SRTM. A causa da maioria das quebras no perfil é desconhecida. No rio 4 (Fig. 3.3E), foram identificados dois pontos de rutura a 25 km e 85 km da nascente do rio, que podem ser devidos ao impacto do NT e alguns ao HFT. No rio 5 (Fig. 3.3F).

3.6.2 Índice SL

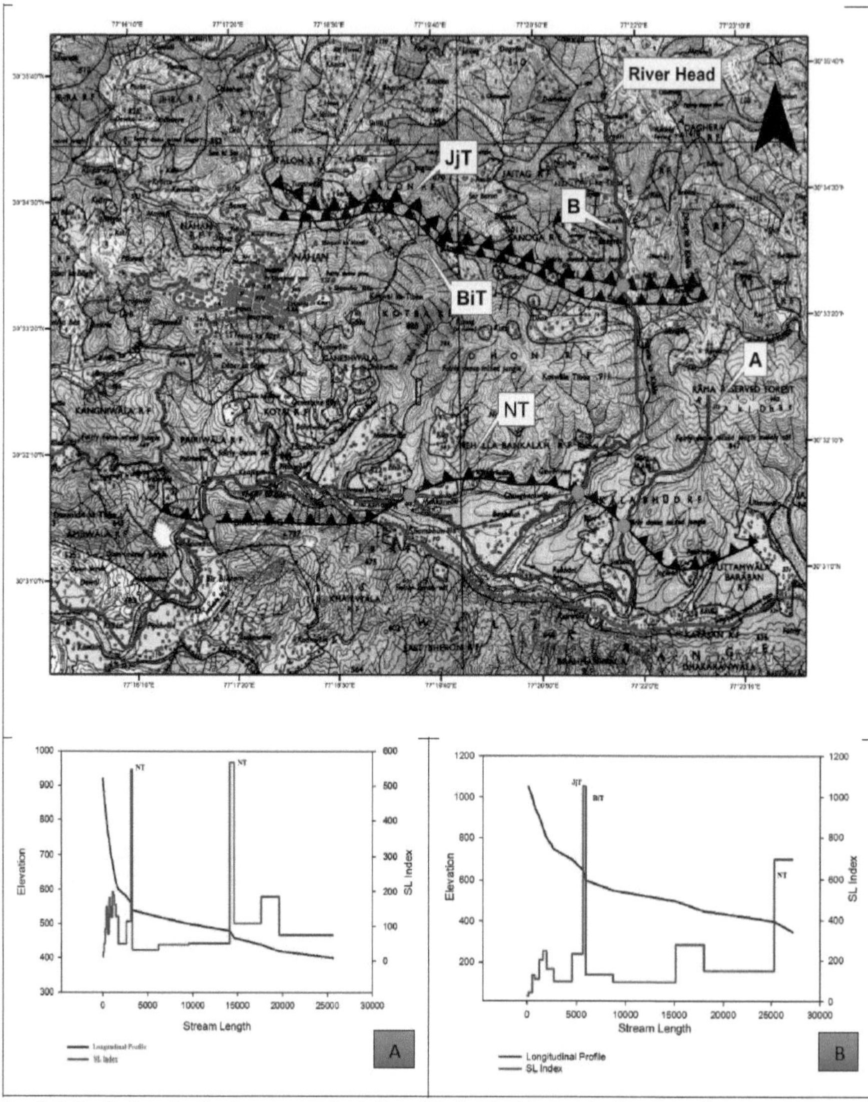

Fig. 3.4 Perfis longitudinais e curva do índice SL do rio Markanda A e seu afluente B mostrando quebras no perfil (marcadas por seta). Provavelmente relacionadas com as estruturas como JjT, BiT, NT. O valor elevado do Índice SL no perfil do rio é devido a características estruturais que estão marcadas no mapa acima. Os Knick Points K1 e K2 do rio B (assinalados no mapa acima) são interpretados através de perfis longitudinais.

3.6.3 Análise hipsométrica

As sub-bacias de drenagem do rio Markanda foram seleccionadas para análise hipsométrica, sendo o número total de sub-bacias 17. A hipsometria para estas sub-bacias foi selecionada para compreender o papel da tectónica na topografia. Os dados de hipsometria de diferentes sub-bacias foram agrupados numa folha de impulso diferente. Além disso, a sensibilidade da hipsometria à área da bacia também foi determinada de modo a que a variabilidade no IH possa estar diretamente relacionada com a deformação vertical na área. As bacias relacionadas com os lençóis Jajra Thrust (JjT) e Bilaspur Thrust (BiT) são R_13, R_14, R_15, R_16, R_17 (A). Estas bacias situam-se na parede suspensa do JjT e do BiT. As bacias relacionadas com o lençol de pressão de Nahan são as seguintes: R_2, R_3, R_4, R_5, R_6, R_9, R_10 (B). Estas bacias estão situadas na parede suspensa do Nahan Thrust. As bacias relacionadas com o lençol HFT são R_1, R_7, R_8, R_11 e R_12 (C). Estas bacias encontram-se na parede de suspensão do HFT.

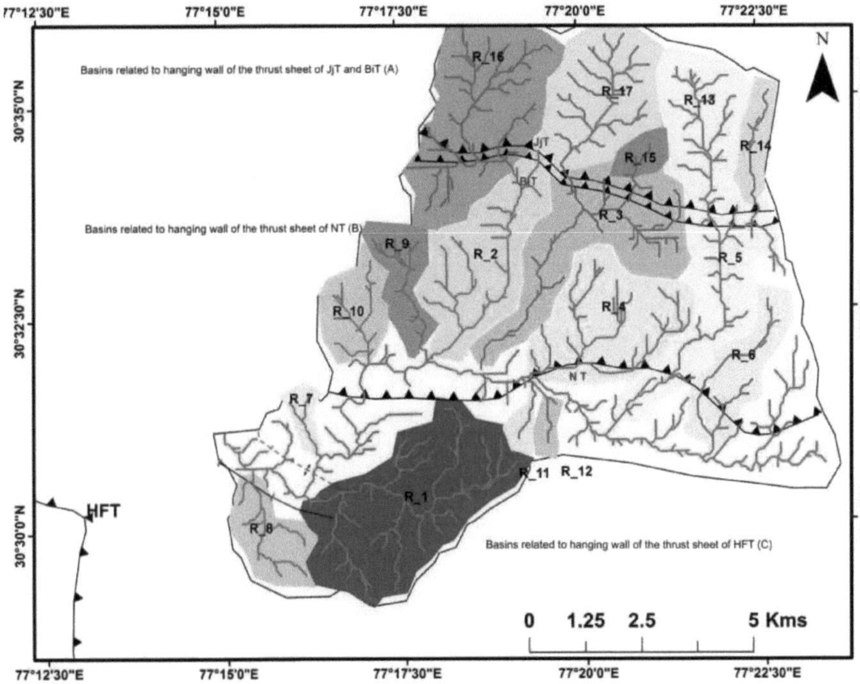

Fig. 3.5 As bacias de drenagem geradas para a hipsometria com os respectivos valores de IH

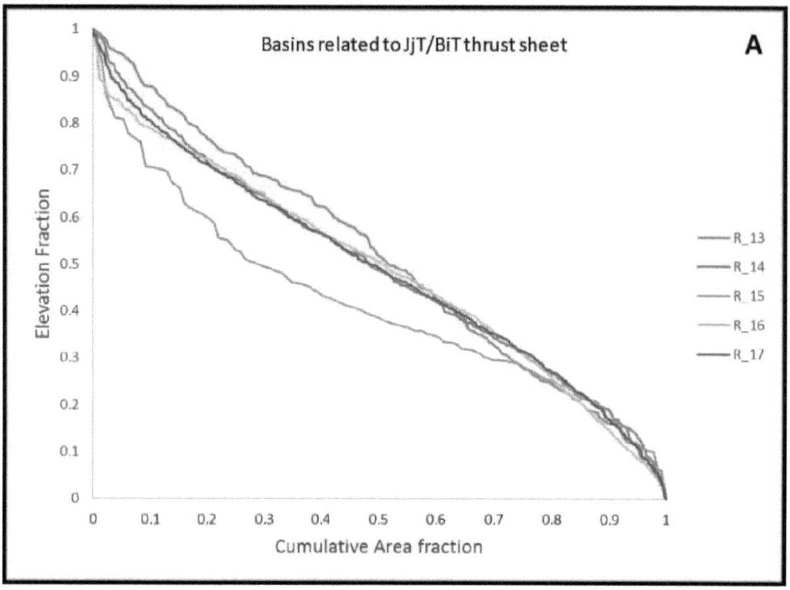

Basins related to JjT/BiT thrust sheet
A
Elevation Fraction
Cumulative Area fraction
R_13
R_14
R_15
R_16
R_17

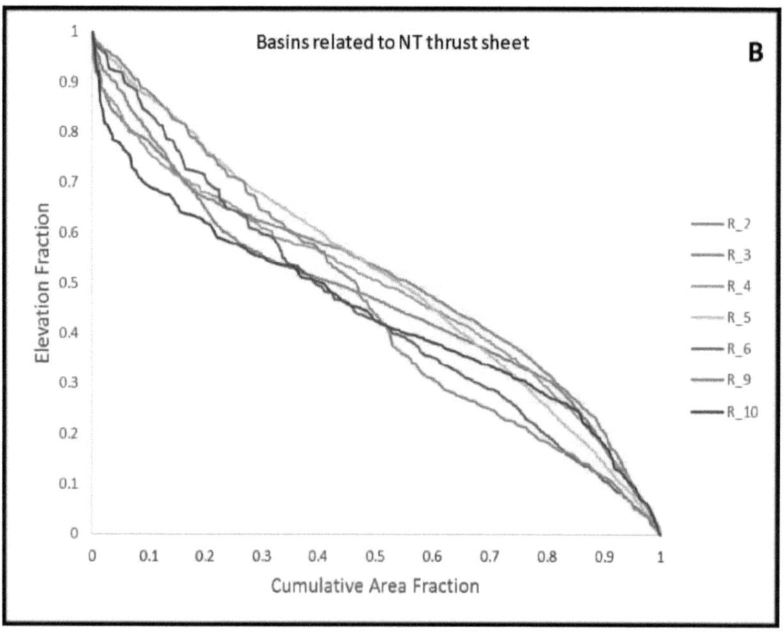

Basins related to NT thrust sheet
B
Elevation Fraction
Cumulative Area Fraction
R_2
R_3
R_4
R_5
R_6
R_9
R_10

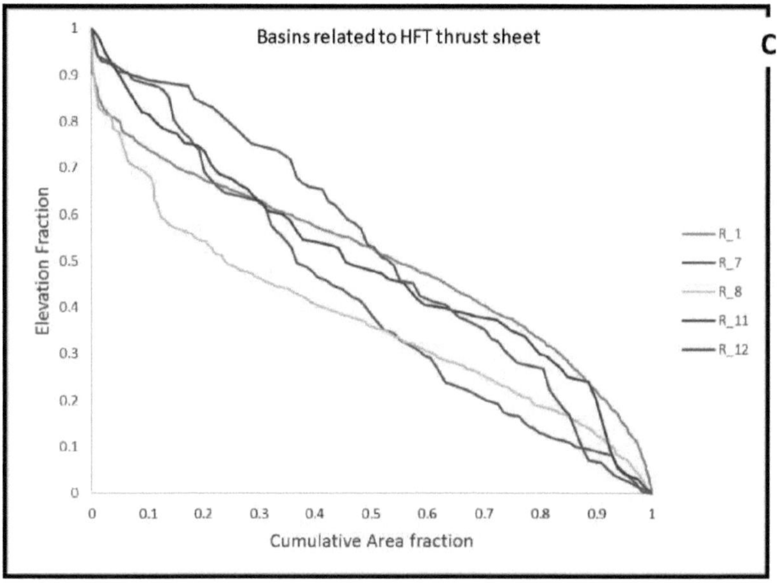

Fig. 3.6. Curva hipsométrica das bacias do rio Markanda. (A) Bacia relacionada com o empuxo JjT/BiT (B) Bacia relacionada com o empuxo NT (C) Bacia relacionada com o empuxo HFT.

Basin No	Basin area (km2)	Mean	Maxi. Elev.	Mini. Elev.	HI Values
R_1	11.904	518	691	384	0.4364
R_7	0.826	501	635	405	0.4173
R_8	2.978	469	640	380	0.3423
R_11	0.622	562	641	478	0.5153
R_12	0.66	535	634	481	0.4836
R_2	17.389	843	1373	457	0.4213
R_3	16.148	903	1397	471	0.4665
R_4	7.549	654	894	474	0.4285
R_5	14.251	909	1388	499	0.4611
R_6	3.853	687	954	524	0.379
R_9	2.649	678	919	477	0.4547
R_10	2.851	604	819	443	0.4287
R_13	5.026	1042	1388	699	0.4978
R_14	1.637	1079	1372	751	0.5287
R_15	0.997	949	1195	767	0.4252
R_16	10.015	956	1373	665	0.411
R_17	6.643	1034	1397	695	0.4829

Tabela. 3.1: Estimativa do valor da Integral hipsométrica das sub-bacias do rio Markanda.

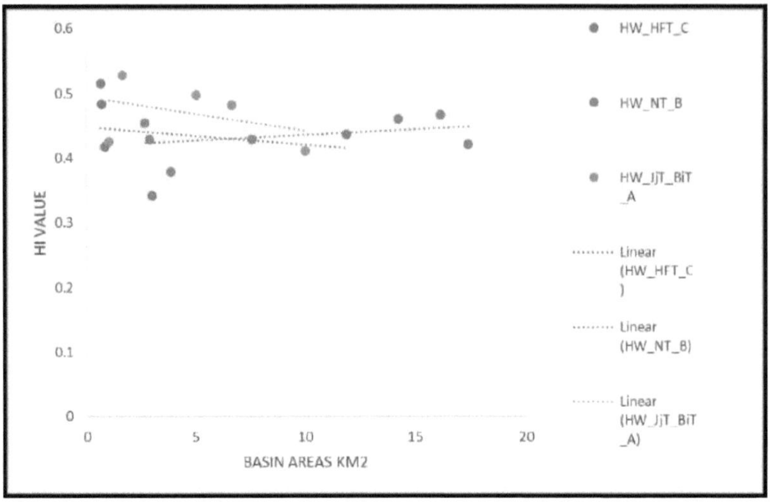

Fig. 3.7. Gráfico do integral hipsométrico versus áreas das bacias (km^2).

A comparação entre as curvas hipsométricas das bacias relacionadas com o lençol JjT e BiT, apresentada na Fig. 3.6A, indicou uma diferença entre a forma das curvas que está relacionada com o grau de dissecação da bacia ou com o seu estádio de erosão. A curva de R_15 apresenta uma natureza côncava que corresponde à erosão extensiva na área. A bacia R_14 apresenta uma curva hipsométrica de forma convexa que caracteriza a influência do movimento vertical. As restantes bacias R_13, R _16, R_17 apresentam curvas em forma de S ou côncavas para cima em altitudes elevadas e côncavas para baixo em altitudes mais baixas. (Hurtrez, 1999) Este tipo de natureza replica as bacias na fase madura. No entanto, a curva hipsométrica nesta folha apresenta uma forma côncava para a bacia mais pequena (R_15) e uma curva em forma de S para as maiores (R_13, R _16, R_17). O valor da integral hipsométrica para as bacias relacionadas com o lençol de pressão JjT/BiT varia entre 0,41 e 0,52 e a área da bacia varia entre 0,9 e 10 km^2 . Para avaliar a influência da área de drenagem na hipsometria, a HI foi representada em função da área da bacia, o que mostra uma tendência decrescente da HI à medida que aumenta a área da bacia (Singh, 2008).

As bacias relacionadas com o lençol de Nahan Thrust são indicadas na Fig. 3.6B (R_2, R_3, R_4, R_5, R_6, R_9, R_10). O valor integral hipsométrico varia entre .37 e .46 e as curvas hipsométricas são, na sua maioria, côncavas para cima em altitudes mais elevadas e convexas para cima em altitudes mais baixas e algumas curvas mostram uma natureza em forma de S. As bacias relacionadas com a folha HFT são mostradas na Fig 3.6C (R_1, R_7, R_8, R_11, R_12). O valor integral hipsométrico varia de 0,34 a 0,51 e a área da bacia varia de 0,62 a 11,9. Aqui, a curva hipsométrica tem uma forma côncava ascendente nas cotas mais elevadas e convexa ascendente nas cotas mais baixas R_8, R_11 e a curva hipsométrica de R_1 tem forma de S.

3.7 Conclusão

Os índices geomórficos foram avaliados no presente trabalho. Isto sugere que a área de estudo (Bacia do Rio Markanda) é tectonicamente ativa. Os índices geomórficos mostram claramente que as falhas e as estruturas relacionadas na área estão activas. O perfil longitudinal do rio e os valores do índice SL confirmam a natureza ativa do Jajra Thrust/Bilaspur Thrust e do Nahan Thrust. Os resultados da análise hipsométrica revelam que as bacias relacionadas com as placas de impulso JjT/BiT apresentam um valor integral hipsométrico relativamente mais elevado, o que indica comparativamente uma maior elevação. A camada de empuxo norte é caracterizada pelo levantamento cumulativo de diferentes empuxos. Por conseguinte, as bacias desta região apresentam valores HI mais elevados. A hipsometria das bacias relacionadas com o thrust sheet NT apresenta valores de HI inferiores em comparação com JjT/BiT. Enquanto que as bacias relacionadas com o plano axial HFT apresentam valores mais elevados de HI em comparação com JjT/BiT e NT. Estes valores integrais elevados podem dever-se à pequena dimensão da bacia, onde o processo de inclinação da encosta domina sobre o processo fluvial.

Capítulo 4
Cartografia geomórfica da zona

4.1 Introdução

O principal objetivo é realizar uma análise topográfica utilizando dados DEM e o cálculo de índices geomórficos para decifrar a deformação tectónica, preparar um mapa geomórfico da área de estudo e analisar os processos de superfície utilizando dados de deteção remota, mapear os parâmetros de forma plana do canal e analisar os processos fluviais em resposta à deformação tectónica e, finalmente, integrar todos os dados para modelar a resposta geomórfica da bacia do rio Markanda à deformação tectónica. O mapa de base foi gerado a partir da toposheet do Survey of India de 53 F/6 e F/2 da escala 1:50.000.

As evidências da atividade neotectónica são principalmente observadas diretamente no terreno com alguma ajuda de imagens de deteção remota e do Google Earth. (Kumar, R., 2007; Singh, T., 2007) A maior parte da cartografia dos terraços foi efectuada a partir de dados do LISS 3 e do Google Earth, com verificação cruzada com visitas ao terreno. Os terraços são principalmente de natureza geomórfica e estrutural. A topografia tem um carácter curvo e deu origem a "reentrantes" e "saliências" estruturais. A atenção centra-se sobretudo no Saliente de Nahan, que é limitado a oeste pela reentrância de Kangra e a leste pela reentrância de Dehradun. A datação por OSL também foi efectuada em muitas áreas do Saliente de Nahan. No entanto, não foi utilizada nenhuma técnica de datação absoluta devido a uma série de razões, principalmente a rápida taxa de erosão (Tejpal, 2011). As evidências geomórficas estavam principalmente relacionadas com as superfícies geomórficas cobertas por terraços fluviais, ao passo que as estruturas como a placa de impulso Jajra/Bilaspur e o impulso Nahan desempenham um papel importante na formação de terraços. E estas são as evidências de falhas normais.

4.2 Mapa Geomorfológico

Mapa geomórfico que mostra o aluvião mais antigo, cascalho, arenito grosseiro, pedregulho, conglomerado, argila e grão, leitos de cascalho de arenito micáceo cinzento, argila de xisto e arenito micáceo, argila roxa, lama, arenito, argila, siltito, xisto, xisto carbonoso verde-oliva, calcário fóssil, quartzito basal laterítico (Fig. 4.1). O aspeto tectónico é o facto de a área ser atravessada por três impulsos. São eles o impulso de Nahan, o impulso de Jajra e o impulso de Bilaspur.

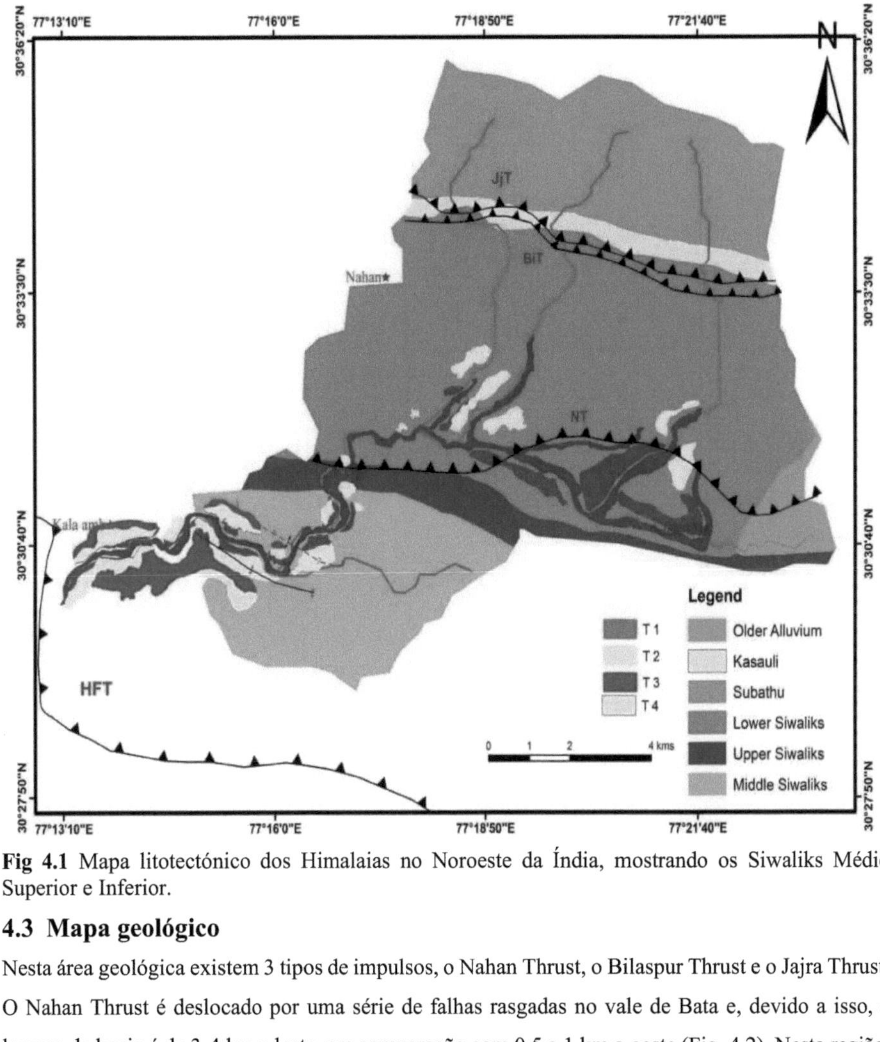

Fig 4.1 Mapa litotectónico dos Himalaias no Noroeste da Índia, mostrando os Siwaliks Médio Superior e Inferior.

4.3 Mapa geológico

Nesta área geológica existem 3 tipos de impulsos, o Nahan Thrust, o Bilaspur Thrust e o Jajra Thrust. O Nahan Thrust é deslocado por uma série de falhas rasgadas no vale de Bata e, devido a isso, a largura da bacia é de 3-4 km a leste, em comparação com 0,5 a 1 km a oeste (Fig. 4.2). Nesta região, a litologia principal é constituída pelas formações de Siwalik médio, Siwalik superior, aluvião mais antigo, Siwalik inferior, Kasauli e Subathu. Mencionar a variação litológica em diferentes camadas de pressão

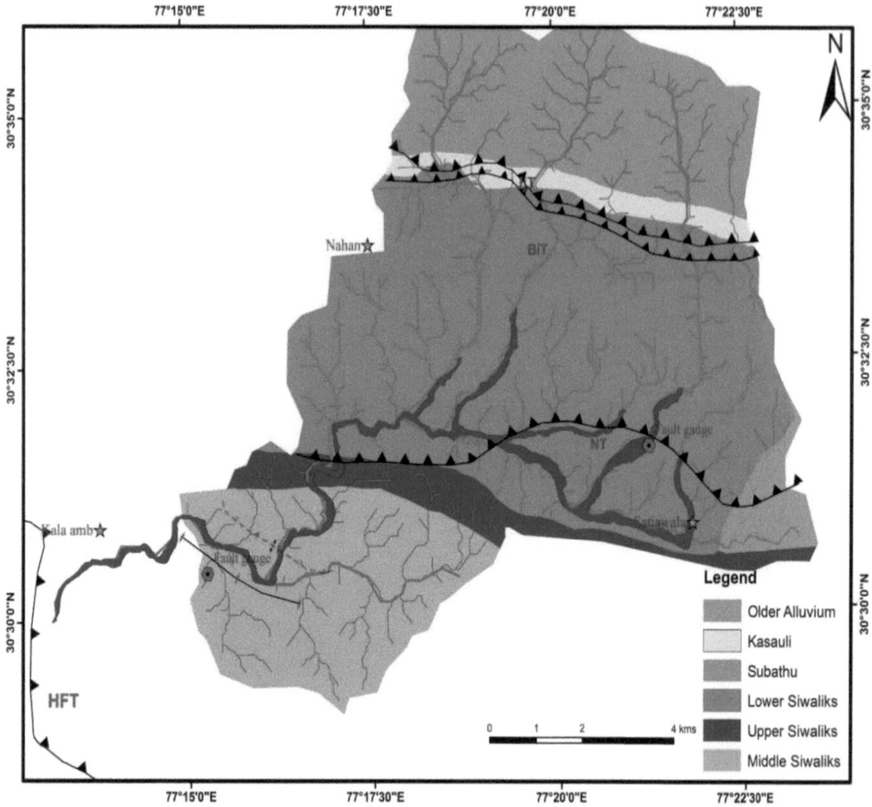

Fig 4.2 Mapa que mostra a geologia pormenorizada da zona. Siwalik (superior, médio e inferior), Kasauli, Subathu. JjT- Jajra Thrust, BiT- Bilaspur Thrust, NT-Nahan Thrust, HFT-Himalayan Frontal Thrust.

4.4 Mapa de declives

O mapa de declives foi gerado a partir do SRTM DEM utilizando a caixa de ferramentas Arc GIS. A parte a montante da bacia de Markanda é uma região altamente elevada, com uma elvação de cerca de 24-47%. O Jajra/Bilaspur Thrust passa por esta zona. De seguida, 18-24% de declive moderadamente elevado. À medida que descemos, o declive moderado é de 12-18%, onde se encontra a placa de impulso de Nahan. Mais a jusante, os declives tornam-se menos suaves, de 0 a 12% (Fig. 4.3).

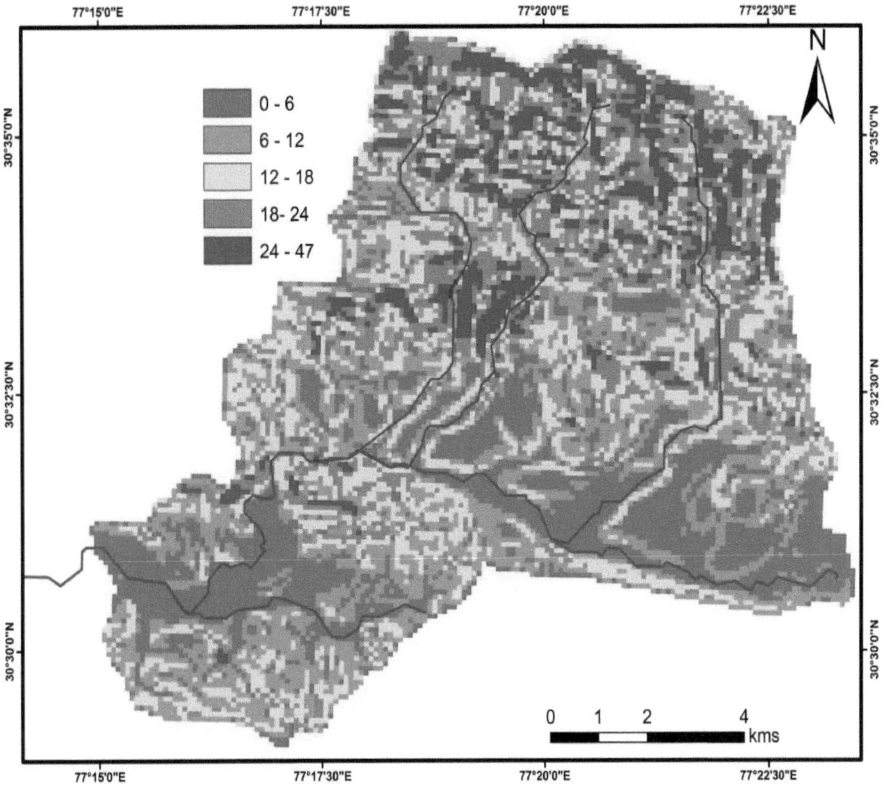

Fig 4.3 Mapa que mostra o declive da zona.

4.5 Mapa de elevação

Embora existam vários círculos individuais fechados, cada círculo mostra uma elevação diferente, cada mapa de elevação tem uma escala diferente. Quanto mais pequeno for o círculo, mais alto é em comparação com as outras elevações à sua volta. Este mapa foi gerado a partir da caixa de ferramentas do ArcGIS. Os intervalos de contorno são de 100 m. O contorno mais alto que podemos encontrar aqui é de 1300m e o mínimo é de 400. (Fig. 4.4)

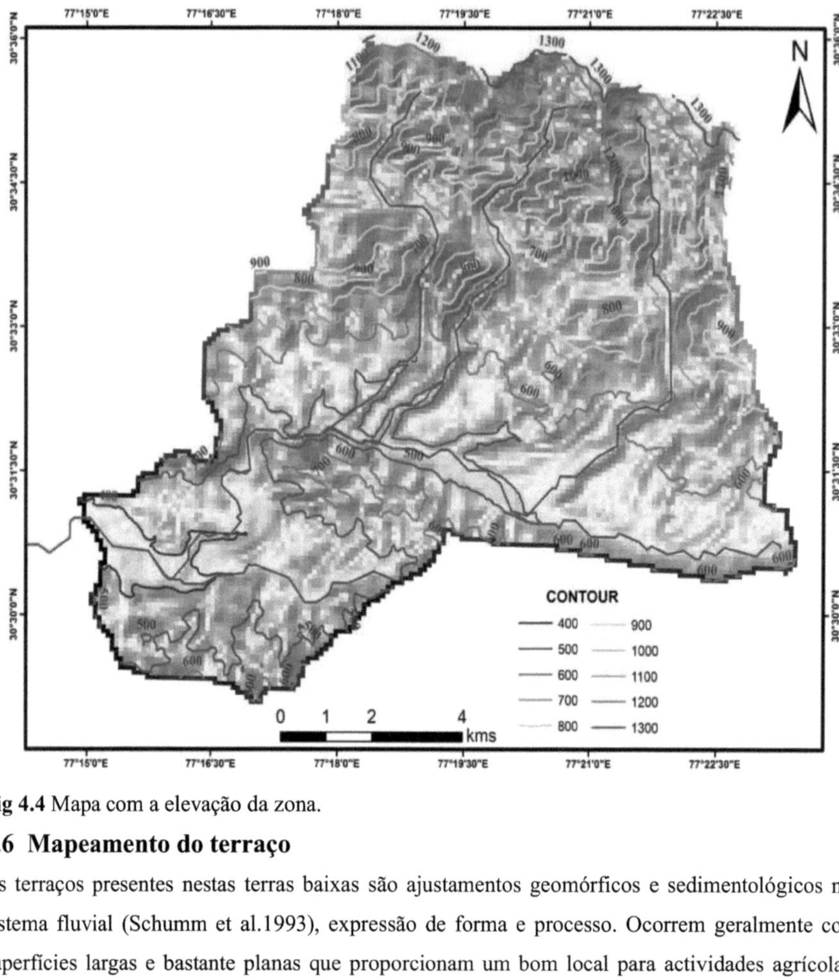

Fig 4.4 Mapa com a elevação da zona.

4.6 Mapeamento do terraço

Os terraços presentes nestas terras baixas são ajustamentos geomórficos e sedimentológicos num sistema fluvial (Schumm et al.1993), expressão de forma e processo. Ocorrem geralmente como superfícies largas e bastante planas que proporcionam um bom local para actividades agrícolas e habitação (Fig. 4.5). São normalmente preenchidos pelos canais de escoamento, muitas vezes alongados paralelamente ao seu comprimento, não são observados para além das colinas e, portanto, estão ligados ao levantamento tectónico ao longo da HFT. É de notar que a maioria dos terraços se desenvolve ao longo dos segmentos de ribeira que sofrem incisão, deslocação e erosão lateral das margens e no lado não alcantilado dos loops de meandro. Embora a presença de superfícies de terraço na proximidade da HFT seja, por si só, indicativa de atividade neotectónica da HFT. A inclinação das superfícies de terraço observadas indica deformação relacionada com a HFT

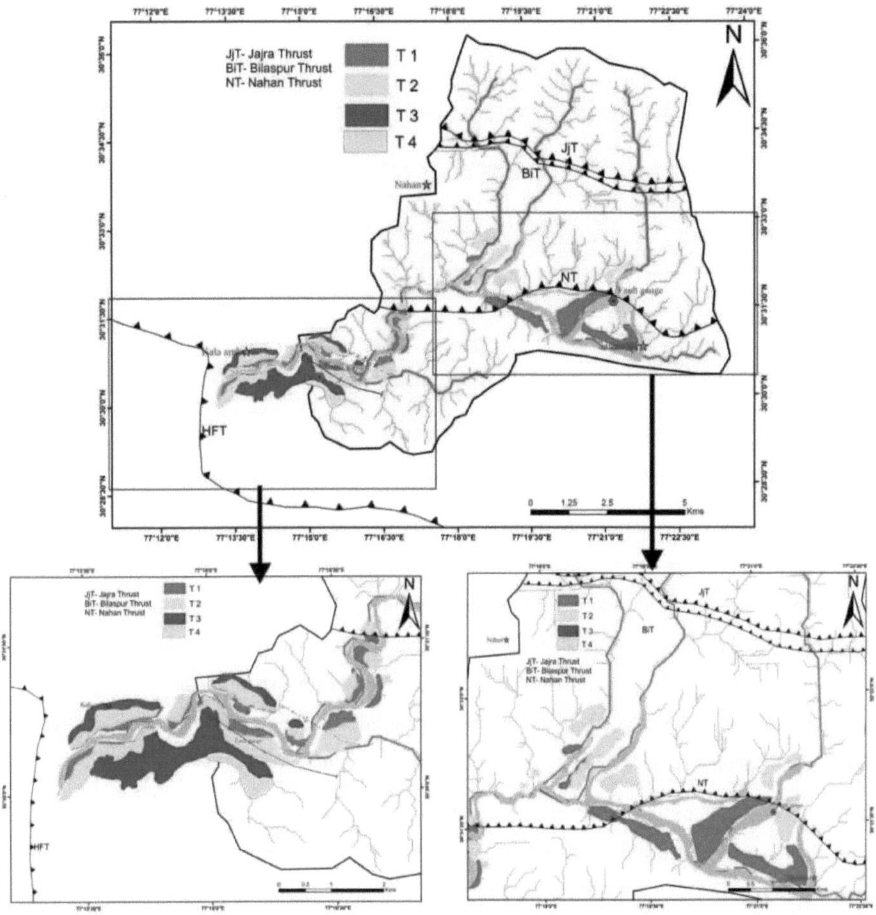

Fig 4.5 Mapa do terraço do rio Markanda entre o Himalayan Frontal Thrust (HFT), mostrando várias formas de relevo e os thrusts intervenientes.

4.7Inquérito cinemático em tempo real

A navegação por satélite cinemática em tempo real (RTK) é uma técnica utilizada para aumentar a precisão dos dados de posição derivados de sistemas de posicionamento por satélite, podendo ser utilizada em conjunto com o GPS, GLONASS e/ou Galileo. Utiliza medições da fase da onda portadora do sinal, em vez do conteúdo informativo do sinal, e baseia-se numa única estação de referência para fornecer correcções em tempo real, proporcionando uma precisão até ao nível centimétrico. No que se refere ao GPS em particular, o sistema é comummente designado por Carrier-Phase Enhancement, ou CPGPS. Tem aplicação no levantamento terrestre e no levantamento hidrográfico.

Com este instrumento, foi também efectuada uma visita de campo na parte inferior da área, utilizando um instrumento RTK para medir as elevações dos terraços.

Fig 4.6 Terraços na margem inferior do rio Markanda. Amostras OSL no local A, B

No local 1, trata-se de um terraço de strath (Fig. 4.6). A altura aproximada da amostra OSL do leito do rio é de 20m. Aqui, os sedimentos são de cor castanha escura, com cascalho e pedras no depósito. Este é o terraço mais elevado e situa-se na margem esquerda do rio Markanda. A latitude e longitude da posição é 30 30' 38.76 "N e 77 14'10.30 "E e a uma elevação de 328.172m. O local B situava-se no terraço de nível 1. A altura da amostra OSL era de 3,5m e da amostra até à camada mais superficial era de apenas 0,8m. A maior parte desta secção era constituída por pedras e areia entre elas. A latitude e longitude da posição é 30°30'40.02 "N e 77°14'05.78 "E e a uma altitude de 314.879m.

Na imagem abaixo, utilizando o instrumento RTK, obtivemos a elevação dos terraços na área. Também foi possível identificar o número de níveis do terraço. Esta área inferior tinha principalmente 3 níveis de terraços. (Fig. 7, 8, 9, 10, 11, 12) e neste, o 3º nível estava maioritariamente ocupado por pessoas e foram construídas estradas neste nível. Além disso, os terraços do nível 2 só existem por um curto período de tempo. Estes terraços foram identificados no Google Earth e também durante o levantamento de campo. Nesta imagem do Google Earth, a cor amarela mostra os terraços de nível 2 e a cor verde mostra os terraços de nível 1. Aqui o canal do rio é muito largo e conseguimos encontrar muitas barras de canal.

Fig 4.7 O depósito do terraço nas colinas de Siwalik está em falha devido à resposta da deformação neotectónica de HFT. Nesta figura, a direção do mergulho é de cerca de 30 para NE e está coberta por material de terraço. A falha presente na figura é de natureza normal.

Fig 4.8 Socalcos na margem esquerda do rio. Existem muitos pequenos socalcos como este ao longo de todo o percurso.

Fig 4.9 Aqui podemos ver dois conjuntos de terraços. Neste caso, o terraço do nível 2 (T_2) é muito pequeno e o nível 1 continua a avançar.

Fig 4.10 Esta é uma vista ampliada da anterior (Fig 4.12). Aqui podemos ver que a diferença em relação ao leito do rio é de apenas 0,5 m.

Fig 4.11 Terraços nas margens do rio Markanda. (Usando RTK)

Fig. 4.12Falha encontrada na margem do rio Markanda.

4.8 Litologia

A litologia também foi gerada para uma secção que foi retirada da área de estudo (Satiawala), as 2 amostras foram datadas e a idade da secção média da qual a amostra foi retirada, a idade era aproximadamente 57,2 ± 4,0 e a outra que foi retirada da base da secção a idade era 62 ± 3,9.

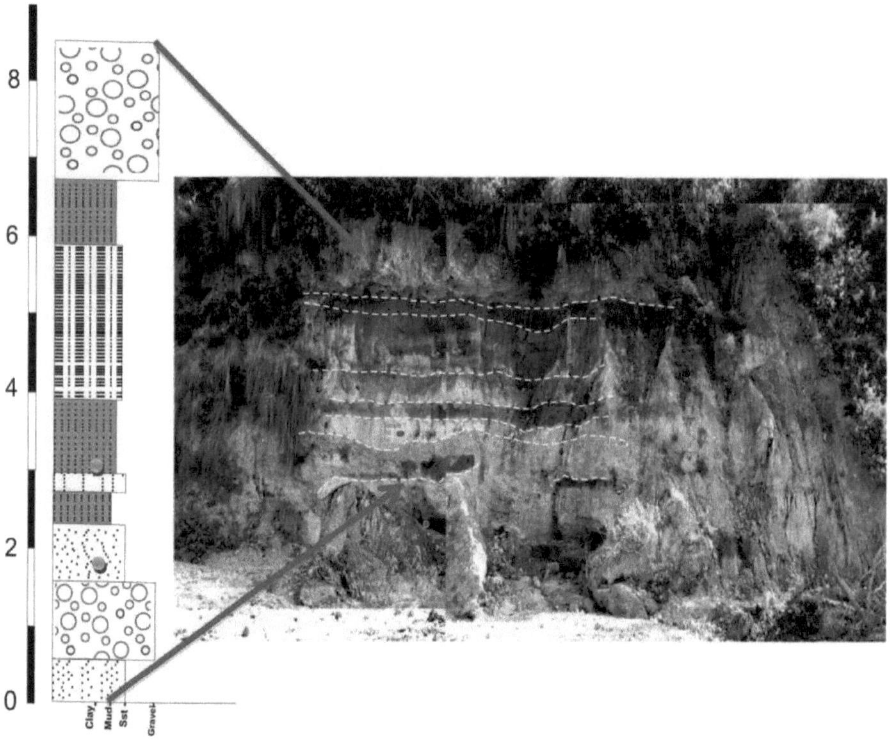

Fig 4.13 Secção de Satiawala, uma exposição na margem esquerda do rio Markanda.

Esta secção foi encontrada na margem do rio Markanda (Fig. 4.13). Encontra-se a cerca de 8,56 m do leito do rio. No topo havia uma vegetação densa. A partir do topo, a unidade de cascalho tinha uma espessura de 1.9m, clástico predominantemente constituído por quartzito mal selecionado, e matriz clástica arenosa de grão médio a grosso, subarredondada a bem arredondada. Continha pedregulhos intercalados com areia. Uma camada de 0,8 m de espessura de unidade de lama. Rochas siliciclásticas de grão fino contendo partículas de tamanho entre silte e argila, mas não menos de 33% de ambos. Podem ser litificadas ou não. Inclui lama, pedra de lama. Em seguida, a lama arenosa com 2 m de espessura, intercalação de areia cinzenta castanha e rica, a areia cinzenta é mais grosseira do que a areia fina. De seguida, a camada de lama de espessura 0,89m. Depois vem uma camada de arenito de 0,29m. Em seguida, uma camada de lama de 0,40m e depois um arenito de 0,7m de rochas siliciclásticas compostas predominantemente por grãos com menos de 2 mm de diâmetro e mais de 65 p (aproximadamente o limite do que é visível com uma lente manual de 10x). Aqui é recolhida uma amostra OSL. De seguida, 1,0 m de unidade de cascalho. Havia uma camada de lama entre o leito de cascalho, mas não era contínua. Era cascalho intercalado com lama e, no final, havia uma camada de arenito de 0,58m e, em seguida, a camada mais inferior, que está perto do leito do rio, está intercalada com pedregulhos e areia.

Fig 4.14 A amostra OSL 1 foi recolhida no local Satiawala (Lat 30.513822 Long 77.363727)

Fig 4.15 Secção onde foi recolhida a amostra 2 de OSL, localização Satiawala

4.9 Conclusão

Os terraços fluviais são formas de relevo e depósitos que integram processos tectónicos, climáticos e geomórficos à escala da bacia hidrográfica. Os socalcos atestam uma instabilidade fundamental na taxa de incisão vertical de um canal à medida que este esculpe o seu vale. As fontes mais comuns dessa instabilidade são as respostas vegetativas, geomórficas e hidrológicas ao clima e às estruturas presentes na área. (Humphrey, N. F, 2000) Devido aos lençóis de empuxo, nomeadamente os lençóis de empuxo HFT e Nahan, a maior parte da formação de terraços está a ocorrer perto dessas regiões. Isto indica claramente que a formação destes terraços foi efetivamente controlada tectonicamente. (Singh, O A, 2008) As datas que obtivemos na corrente superior foram quase 57,2 +4,0 e a outra foi

62+3,9 anos. A taxa de elevação equivale a taxas de deslizamento de falha e de encurtamento crustal de 9,6 +7,0-3,5 mm/ano e 8,4 +7,3 -3,6 mm/ano, respetivamente, assumindo que o HFT mergulha a 30°+ 10° (Kumar et al., 2001). Este terraço pode ter-se formado devido à folha de Nahan Thrust que está a atravessar a área. No entanto, a resposta precisa depende muito do substrato da bacia hidrográfica e do contexto climático, tectónico e do nível de base. Quando associados a idades numéricas, os terraços podem ser utilizados como um marcador estratigráfico e geodésico para interpretar a correlação e as taxas de processamento.

Capítulo 5

Discussão e conclusão

5.1 Introdução

A cintura orogénica dos Himalaias, formada como resultado de processos tectónicos de colisão, mostra abundantes evidências de atividade neotectónica, tectónica ativa e ocorrência de sismos históricos. A sua zona de deformação frontal é caracterizada, em alguns segmentos, por vales longitudinais intermontanhosos (duns). Estes segmentos frontais dos Himalaias são marcados pela ocorrência de múltiplas frentes de montanha (Kothyari, G., 2010; Lee, C. S L, 2010). O principal objetivo é realizar uma análise topográfica utilizando dados DEM e o cálculo de índices geomórficos para decifrar a deformação tectónica, preparar um mapa geomórfico da área de estudo e analisar os processos de superfície utilizando dados de deteção remota, mapear os parâmetros de forma plana do canal, tais como o perfil longitudinal, a hipsometria, o índice de gradiente do curso de água e a análise dos processos fluviais em resposta à deformação tectónica e, finalmente, integrar todos os dados para modelar a resposta geomórfica da bacia do rio Markanda à deformação tectónica.

Este estudo foi realizado numa área tectonicamente ativa. Dois grandes terramotos foram registados por Kumar et al. (2001) na região após 1294 d.C. e 1423 d.C. com base na análise de trincheiras. Por conseguinte, é importante identificar as estruturas tectonicamente activas na região, o que ajudará a analisar o padrão de partição de tensões e a sua influência no risco sísmico na zona.

5.2. Padrão de deformação na bacia do rio Markanda

A bacia do rio Markanda é atravessada por três camadas de impulsos, nomeadamente a parede suspensa de Jajra Thrust/Bilaspur Thrust, Nahan Thrust e Himalayan Frontal Thrust (HFT). A natureza da deformação tectónica na bacia do rio Markanda foi analisada através de um mapa geomórfico detalhado e de vários índices geomórficos. O mapa de base foi gerado a partir da toposheet do Survey of India de 53 F/6 e F/2 de escala 1:50.000. O perfil longo e a hipsometria do rio foram gerados utilizando o toposheet e os dados SRTM DEM. (Raiverman, V., N 1993) O mapa geomórfico e as evidências de falhas foram verificados no terreno. Foi dada uma ênfase especial aos terraços fluviais, que são governados pelo impulso de Nahan e pela HFT. Foram mapeados diferentes níveis de terraços utilizando GPS cinemático. O modo de deposição foi avaliado através do mapeamento litológico dos terraços na camada de impulso de Nahan, que também foi apoiado por datação OSL. A idade da base e do meio da secção do terraço foi estimada em 62±3,9 ka e 57,2±4,0 ka, respetivamente. Enquanto que nos troços a jusante, foram identificados mais de 3 níveis de terraços. As datas de radiocarbono limitadas destes terraços sugerem uma idade entre 3015 e 2878 a.C. (Kumar et al., 2006). Foram recolhidas mais duas amostras a jusante que ainda não foram datadas. É também de notar que os sedimentos provêm maioritariamente do terreno Siwalik, uma vez que os terraços fluviais no vale do Markanda incluem maioritariamente rochas pertencentes aos Siwaliks e não contêm sedimentos dos Himalaias Menores.

A análise geomórfica da bacia do rio Markanda sugere que esta área da bacia é uma região tectonicamente ativa. Os índices geomórficos mostram claramente que as falhas e as estruturas relacionadas na área estão activas. O perfil longitudinal do rio e os valores do índice SL confirmam a natureza ativa do Jajra Thrust/Bilaspur Thrust e do Nahan Thrust. Os resultados da análise hipsométrica revelam que as bacias relacionadas com as placas de impulso JjT/BiT apresentam um valor integral hipsométrico relativamente mais elevado, o que indica comparativamente uma maior elevação. (Bishop, P, 2005 Cosby, B. T, 2001). Os movimentos tectónicos em curso na frente dos Himalaias são evidentes na configuração geomorfológica atual e nas formas de relevo estruturais. O estudo também mostra o movimento para sul da deformação tectónica na área da bacia. Os dados cronológicos sobre os terraços fluviais sugerem que a atividade tectónica na área de Nahan ocorreu por volta de 50 ka, enquanto que os eventos de vida alta ao longo da HFT são bastante recentes (cerca de 3 ka).

A presente análise no Saliente de Nahan, Rio Markanda, revela evidências conclusivas da atividade tectónica em curso ao longo da HFT, Nahan e Jajra Thrust. Deve ser realizada uma análise sesimotectónica detalhada ao longo destas falhas para uma compreensão abrangente do risco sísmico na área.

5.3. Trabalho futuro

O presente trabalho mostra que todos os três eixos na bacia do rio Markanda são significativos para a análise do risco sísmico na área. Os seguintes elementos de trabalho podem ser considerados para futuros trabalhos geomórficos na área

1. Poderá ser efectuada uma análise sismotectónica pormenorizada na bacia vizinha para analisar o impacto das falhas activas nos processos fluviais.

2. Poderão ser efectuados trabalhos semelhantes à escala regional na zona saliente de Nahan. A cartografia dos terraços, com um bom suporte de datação, pode ser utilizada para estimar a taxa de incisão em diferentes lençóis de pressão, o que pode ser utilizado para interpretar a elevação ao longo de diferentes falhas.

3. A análise de trincheiras pode ser realizada ao longo de falhas activas para analisar eventos paleossísmicos e as suas implicações no risco sísmico na área.

Capítulo 6

Referências

Bishop, P., Hoey, T B., Jansen, J. D e Artxa, I. L (2005) Knick point recession rate and catchment area: the case of uplifted rivers in Eastern Scotland. *Earth Surface Processes and Landforms* 30:767-778.

Bull, W. B (1930) Tectonic geomorphology of mountains: a new approach to paleoseismology, Progress in Physical Geography 1. *BlackwellPub.Oxford.*, pp 222-270.

Burbank, D. W., Anderson R.S., (2001), Tectonic Geomorphology, *Blackwell Science.*

Cosby, B. T (2001) Knickpoint migration in the Waipaoa River and its Tributaries: An examination of the rates and form of transient migration in fluvial system, *First Generals Paper*, 1- 17.

Hack, J. T (1973) Stream Profile Analysis and Stream Gradient Index. *Jour.Res. U.S.Geol.Survey1*(4) :421-429.

Hodges, K.V., 2000. Tectónica dos Himalaias e do Sul do Tibete. Boletim da Sociedade Geológica da América, 112(3): 324-350.

Humphrey, N. F e Konrad, S. K (2000) River incision or diversion in response to bedrock uplift, *Geology* 28 (1):43-46.

Hurtrez, J. E., Sol, C and Lucazeau, F (1999) Effect of drainage area on hypsometry from an analysis of small scale drainage basins in the Siwalik Hills (Central Nepal), *Earth Surface Processes and Landforms* 24:799-808.

Kalyanaraman, S (2008) Vedic River Sarasvati and Hindu Civilization, *Saraswati Research and Education ND.* pp:18-21.

Keller, E. A. e Pinter, N (2002) Active Tectonics: Earthquakes, Uplift and Landscapes. 2nd Edition, *Prentice Hall Earth Science Series, NJ.*

Kothyari, G., Pant, P. D., Joshi, M., Luirei, K e Malik, J. N (2010) Active faulting and deformation of quaternary landform Sub-Himalaya, India. *Geochronometria* 37:63-71.

Kshetrimayum, K. S e Bajpai V.N (2012) Estabelecimento da ligação entre o rio Markanda e o rio Vedic Saraswati em Haryana, Índia - abordagem de resistividade geoeléctrica, *Current Science* 79:391-403.

Kumar, R., Suresh, N., Sangode, S. J e Kumaravel, V (2007) Evolution of the quaternary alluvial fan system in the Himalayan foreland basin: Implications for tectonic and climatic decoupling, *Quaternary International* 159:6-20.

Kumar, S., Wesnousky, S. G., Rockwell, T. K., Briggs, R. W., Thakur V. C e Jayangondaperumal, R (2006) Paleoseismic Evidence of Great Surface Rupture Earthquakes along the Indian Himalaya. *J. Geophysical Res.* 111:1-19

Kumar, S., Wesnousky, S. G., Rockwell, T. K., Ragona, D., Thakur, V. C e Seitz, G. G (2001) Earthquake Recurrence and Rupture Dynamics of Himalayan Frontal Thrust, India. *Science* 294: 2328-2331.

Lee, C. S e Tsai L. L (2010) Uma análise quantitativa dos índices geomórficos do perfil longitudinal do rio: um estudo de caso do rio Choushui, Taiwan Central. Ambiente Ciências da Terra, *Ambiente Ciências da Terra* 59:1549-1558.

Mukhopadhyay D. K e Mishra, P (2007) Himalayan Frontal Fold-Thrust Belt, NW India: Geometry, Structural Evolution, and Hydrocarbon, *International Conference and Exhibition Prospects*: 1-8.

Molnar, P. e Pandey, M.R., 1989. Zonas de rutura de grandes terramotos na região dos Himalaias.

Ciência Planetária da Terra, 98: 61-70.

Paul, J., Burgmann, R., Gaur, V.K., Bilham, R., Larson, K., Ananda, M.B., Jade, S., Mukul, M., Anupama, T. S., Satyal, G e Kumar,D., (2001), The motion and active deformation of India, *Geophys. Res. Lett.,* 28, 647- 651,

Philip, G e Virdi N. S (2006) Co-Existing Compressional and Extensional Regimes along the Himalayan Front Vis-À-Vis Active Faults near Singhauli, Haryana, India. *Current Science* 90(9):1267-1271.

Philip, G., Virdi, N. S e Suresh, N (2009), Morphotectonic Evolution of Parduni Basin: Uma Bacia Intradun Piggyback no Vale Doon ocidental, NW Outer Himalaya, *CurrentScience* 92 (4): 532-542.

Powers, P. M., Lillie, R. J., Yeats, R.S., (1998) Structure and Shortening of the Kangra and Dehra Dun Reentrants, Sub-Himalaya, India.*Geological Society of America Bulletin* 110(8):1010-1027.

Raiverman, V., Srivastava A. K e Prasad, D. N (1993) On the Foothill Thrust of NW Himalaya, *J. Himalayan Geology* 4,(2):237-256.

Sarp, G., Green, R., Toprak, V e Duzgun, S (2011) Propriedades morfotectónicas da área da bacia de Yenicaga na Turquia: *"34º Simpósio Internacional de Deteção Remota do Ambiente (ISRSE34)"* pp:1-5.

Seeber, L. and Armbruster, J., (1981), Great detachment earthquakes along the Himalayan Arc and long-term forecasting. *Maurice Ewing Series, American Geophysical Union* 4: 259-277.

Sen, D. P (1981) Early Tertiary Deltaic Sedimentation around Kalka and Nahan, Punjab Himalaya, India. *Sedimentary Geology* 30:291-310.

Singh, T e Tandon, S. K (2007) Evidence and Consequences of Tilting of Two Alluvial Fans in the Pinjaur dun, North Western Himalayan Foothills. *Quaternary International*, 59(1)21-31.

Singh, A. K., Prakash, B., Mohindra, R., Thomas, J. V e Singhvi A. K (2001) Quaternary Alluvial Fan Sedimentation in the Dehradun Valley Piggyback Basin, NW Himalaya: Tectonic and Palaeoclimatic Implications. *Basin Research* 13:449-471.

Singh, O andSarangi, A (2008) Hypsometric analysis of the lesser Himalayan watersheds using geographical information system. *Indian Journal for SoilConservation* 36(3):148-154.

Singh, T (2011) Stream Profiles As Indicator of Active Tectonic Deformation along the IntraForeland Thrust, Nahan Salient, NW India, *Current Science* 98(1)175-182

Singh, T e Virdi, N. S (2007) Classes de atividade tectónica ao longo do Nahan Thrust (NT) no NW Sub-Himalaya. *J. Indian Soc. Remote Sensing35:* 221-230.

Singh, T., Sharma, U., Awasthi, A. K., Virdi, N. S and Kumar, R (2011) Geomorphic and structural evidences of Neotectonic activity in the Sub- Himalayan Belt of Nahan Salient, NW India, *J. Geolo. Soc. India* 77:175-182.

Singh, V e Tandon, S. K (2008) O Pinjaur Dun (Vale Longitudinal Intermontano) e Frentes de Montanha Activas Associadas, NW Himalaya: Geomorfologia Tectónica e Evolução Morfotectónica. *Geomorfologia* 102:376-394

Sinha, R e Friend P. F (1994) River Systems and Their Sediment Flux, Indo-Gangetic Plains, Northern Bihar, India. *Sedimentogy* 41:825-845.

Snow e Slingerland, 1987 R.S. Snow e R.L. Slingerland, Mathematical modelling of graded river profiles, Journal of Geology 95 (1987), pp. 15-33.

Stein, R.S. e Yeats, R.S., 1989. Hidden Earthquakes. Scientific American, 260: 48-57.

Strahler, A. N (1952) Hypsometric (Area-Altitude) Analysis of Erosional Topography. *Boletim da Sociedade Geológica da América* 63(11):1117-1142.

Suresh, N., Bagati, T. N., Kumar, R e Thakur, V. C (2007) Evolution of Quaternary Alluvial Fans and Terraces In The Intramontane Pinjaur Dun, Sub-Himalaya, NW India: Interação entre a tectónica e as alterações climáticas. *Sedimentology* 54:809-833.

Schumm, S. A., 1993, River response to baselevel change: Implications for sequence stratigraphy: *Journal of Geology,101:*. 279-294.

Suresh, N., Bagati, T. N., Thakur, V C., Kumar, R e Sangode, S. J (2002) Optically stimulated Luminescence Dating of Alluvial Fan Deposits Of Pinjaur Dun, NW SubHimalaya. *Current Science* 82(10):1267-1274.

Thakur, V. C., Pandey A. K e Suresh, N (2006) Late quaternary-Holocene evolution of Dun structure and the Himalayan Frontal Fault zone of the Garhwal Sub-Himalaya, NW India, *J. Asian Sciences* 29:305-319.

Valdiya, K. S (1993) Uplift and Geomorphic Rejuvenation of the Himalaya in the Quaternary Period. *Current Science* 64 (11, 12):873-885.

Valdiya, K. S (2013) O rio Saraswati era um rio nascido nos Himalaias. *Ciência Atual* 104, (1):42-54

Virdi, N S., Philip, G e Bhattacharya, S (2006) Neotectonic activity in the Markanda and Bata river basins, Himachal Pradesh, NW Himalaya: Uma abordagem morfotectónica. *Internatl. J. Remote Sensing* 27(10):2093-2099.

Yeats, R.S. e Thakur, V.C., 1998. Reavaliação do risco de terramotos com base num modelo de dobragem de falha da falha limite da placa dos Himalaias. *Ciência Atual,* 74: 230-233.

Zhao, W., Nelson, K.D., e equipa do projeto INDEPTH (1993). Provas de reflexões sísmicas profundas que evidenciam o underthrusting continental sob o Tibete meridional. Nature, 366: 557-559.

More
Books!
yes

MIX
Papier aus verantwortungsvollen Quellen
Paper from responsible sources
FSC® C105338

Printed by Books on Demand GmbH, Norderstedt / Germany